黑龙江省精品图书出版工程
材料科学研究与工程技术系列图书

铝合金疲劳裂纹扩展
过载效应的反向塑性损伤机制

沙 宇 著

哈尔滨工业大学出版社

内 容 简 介

本书基于试验观测、理论分析、有限元计算等方法,探究铝合金材料与铝合金层板结构在疲劳裂纹扩展过程中裂纹尖端反向塑性损伤的形成与演化规律,提出变幅循环加载下疲劳裂纹扩展行为的反向塑性损伤机制,以及统一正负应力比下单峰拉伸过载后疲劳裂纹扩展理论,建立疲劳裂纹扩展速率预测模型。

本书可作为航空结构设计与分析行业技术人员,以及航空航天、机械工程、材料科学与工程等专业研究生深入理解损伤容限设计与疲劳裂纹扩展分析的参考书。

图书在版编目(CIP)数据

铝合金疲劳裂纹扩展过载效应的反向塑性损伤机制/
沙宇著.—哈尔滨:哈尔滨工业大学出版社,2023.1(2023.12 重印)
　ISBN 978 - 7 - 5603 - 9456 - 5

　Ⅰ.①铝…　Ⅱ.①沙…　Ⅲ.①铝合金－疲劳－研究
Ⅳ.①TG146.21

中国版本图书馆 CIP 数据核字(2021)第 102691 号

策划编辑　王桂芝　李　鹏
责任编辑　杨　硕　马毓聪
出版发行　哈尔滨工业大学出版社
社　　址　哈尔滨市南岗区复华四道街 10 号　邮编 150006
传　　真　0451－86414749
网　　址　http://hitpress.hit.edu.cn
印　　刷　哈尔滨圣铂印刷有限公司
开　　本　720 mm×1 000 mm　1/16　印张 9　字数 161 千字
版　　次　2023 年 1 月第 1 版　2023 年 12 月第 2 次印刷
书　　号　ISBN 978 - 7 - 5603 - 9456 - 5
定　　价　48.00 元

前　言

目前,单纯的结构疲劳强度设计已经被损伤容限设计或损伤容限耐久性设计代替,而损伤容限耐久性设计强烈依赖于材料疲劳裂纹扩展速率的准确预测。在 Paris 裂纹扩展公式(简称 Paris 公式)$da/dN = C(\Delta K)^m$ 中,由于疲劳裂纹扩展速率 da/dN 不仅由应力强度因子幅 ΔK 唯一确定,而且当改变应力比时,虽然 ΔK 值相同,材料裂纹扩展速率却有着显著的不同,因此要获得准确预报,必须考虑循环加载的特征参数,如应力比、过载比等,从而加以修正。

在变幅疲劳裂纹扩展预测方面,正应力比情况下的过载问题已被广泛研究,并且普遍认为拉伸过载时会产生迟滞效应。但是,在负应力比情况下,过载后不同材料的疲劳裂纹扩展行为存在明显差异,如过载后迟滞、加速、无迟滞等,其内在机理尚不清晰。这使得理论分析结论与实际存在差距,在工程实际应用中,往往需要采用较为保守的安全裕度,从而导致更高的设计、制造和使用成本。因此,明晰负应力比情况下金属材料疲劳裂纹扩展拉伸过载效应差异性的机理,建立合理的预测方法,是抗疲劳设计领域亟待解决的问题。

本书研究的问题正是基于以上试验研究和理论方法提出的,期望通过直接观测与弹塑性有限元计算,探究拉伸过载后疲劳裂纹扩展过程中裂纹尖端反向塑性变形、损伤特征的演化行为,揭示负应力比下过载后疲劳裂纹扩展行为中材料间差异性的微观机理与力学机制,为金属疲劳裂纹扩展预测、损伤容限耐久性设计方法提供理论基础。本书由黑龙江省自然科学基金项目(项目编号 LC2018025)和广东石油化工学院校级科研项目(人才引进)资助。

由于作者水平有限,书中疏漏和不足之处在所难免,敬请广大读者批评指正。

作　者
2022 年 11 月

目　　录

第1章 绪 论

1.1 研究背景及意义

航空工业作为一个国家科技、工业、国防实力的象征,代表了材料、机械、发动机、空气动力、电子与自动控制、武器等学科前沿技术。我国自主研制的190座位的大型客机 C919 已于 2017 年 5 月 5 日在上海成功完成首飞任务。预计在 2025 年前后,具有我国自主知识产权的国产大飞机将投入商业运行。中国商飞公司 2010—2029 年市场预测年报显示,到 2029 年,全球共需要30 230架干线和支线飞机,总价值近 3.4 万亿美元。其中,中国航空运输市场共需补充各型民用飞机 4 439 架,总价值超过 4 500 亿美元。因此研制和发展大型飞机,是《国家中长期科学和技术发展规划纲要(2006—2020 年)》确定的重大科技专项,是建设创新型国家,提高我国自主创新能力和增强国家核心竞争力的重大战略举措。

1.1.1 负应力比拉伸过载效应差异性

目前,单纯的结构疲劳强度设计已经被损伤容限设计或损伤容限耐久性设计代替,而损伤容限设计强烈依赖于材料疲劳裂纹扩展速率的准确预测。在 Paris 公式 $da/dN=C(\Delta K)^m$ 中,由于疲劳裂纹扩展速率 da/dN 不仅由应力强度因子幅 ΔK 唯一确定,而且当改变应力比时,虽然 ΔK 值相同,材料疲劳裂纹扩展速率却有着显著的不同,因此要获得准确预报,必须考虑循环加载的特征参数,如应力比、过载比等,从而加以修正。

在负应力比载荷谱作用下,由于疲劳裂纹扩展机理的复杂性及不确定性,目前用于预测疲劳裂纹扩展的应力强度因子计算中,基于裂纹闭合理论,只考虑拉载荷部分所产生的应力,而忽略压载荷部分对疲劳裂纹扩展的影响。如美国试验标准《测量疲劳裂纹扩展速率的标准试验方法》(ASTM E647—2013a)所建议的,以及《金属材料 疲劳试验 疲劳裂纹扩展方法》(GB/T 6398—2017)中规定的那样,当应力比 R 小于零时,最小应力强度因子 $K_{min}=0$。因此,在采用 Paris 公式来计算疲劳裂纹扩展速率 da/dN 时,应力强度因子幅 ΔK 被定义为

$$\Delta K = K_{max} - K_{min}(应力比\ R \geqslant 0);\Delta K = K_{max}(应力比\ R < 0)$$

式中,K_{max}、K_{min} 分别为裂纹处应力强度因子的最大值和最小值。

而近年的研究表明:负应力比下,应力强度因子幅 ΔK 应大于 K_{max},二者相差程度由施加的最大压载荷与材料的包辛格(Bauschinger)效应参数确定,压载荷对疲劳裂纹扩展具有促进作用。

目前,在变幅疲劳裂纹扩展预测方面,正应力比下的过载问题已被广泛研究,并且普遍认为拉伸过载产生迟滞效应。但是,在负应力比情况下,过载后不同材料的疲劳裂纹扩展行为存在明显差异,如过载后迟滞、加速、无迟滞等,其内在机理尚不清晰。这使得理论分析结论与实际存在差距,在工程实际应用中,往往需要采用较为保守的安全裕度,从而导致更高的设计、制造和使用成本。因此,明晰负应力比情况下金属材料疲劳裂纹扩展拉伸过载效应差异性的机理,建立合理预测方法,是抗疲劳设计领域亟待解决的问题。

1.1.2　含过载的疲劳裂纹尖端塑性变形与损伤

Silva 通过对钛合金、低碳钢、铝合金这三类具有不同损伤容限性能的金属材料进行变幅疲劳裂纹扩展试验,针对不同材料负应力比下拉伸过载效应的差异,将材料的包辛格效应与负应力比下的疲劳裂纹扩展行为建立联系,指出包辛格效应对负应力比下的疲劳裂纹扩展存在重要影响,表明裂纹尖端的塑性变形严重影响负应力比下拉伸过载后的疲劳裂纹扩展行为。

长久以来,Elber 的裂纹闭合理论在疲劳裂纹扩展预测方法中占主导地位。该理论认为外载荷卸载过程中,由于裂纹逐渐闭合,在相同的最大应力强度因子 K_{max} 下,应力比 $R < 0$ 与 $R = 0$ 的情况具有相同的疲劳裂纹扩展速率。但是,近年 Silva 的研究发现不同材料的疲劳裂纹扩展试验中压载荷对裂纹扩展存在影响。Vasudevan、Silva、Zhang 等指出裂纹闭合理论在解释疲劳裂纹扩展速率方面具有局限性。

大量试验表明,在施加的一系列等幅载荷中加入一个超过等幅幅值一定比例的过载峰后,疲劳裂纹扩展速率会明显下降,经过一段循环的迟滞后才恢复,即拉伸过载引起疲劳裂纹扩展迟滞效应。针对拉伸过载引起的迟滞效应,

被普遍接受的是 Wheeler 和 Willenborg 的残余应力模型。但是,残余应力模型没有摆脱裂纹闭合理论的限制,应用此模型仍然存在局限性。如,有试验观测到拉伸过载引起疲劳裂纹扩展的迟滞效应,在过载峰后并未立即发生,而是经过短距离较高速度扩展后才产生迟滞,即出现延迟迟滞。而残余应力模型不能解释延迟迟滞现象,以及在负应力比下过载后的加速、无迟滞等现象。此外,裂纹尖端钝化、塑性变形引起裂纹闭合等也常被用于疲劳裂纹扩展的拉伸过载效应分析。

近年,哈尔滨工业大学张嘉振课题组将拉载荷卸载与压载荷加载过程中裂纹尖端的塑性区尺寸与瞬时裂纹扩展速率 da/dS 联系,解释并预测了应力比效应与负应力比下疲劳裂纹扩展的压载荷效应问题,表明裂纹尖端的塑性变形与疲劳裂纹扩展存在明确的定量关系。因此,探究疲劳裂纹尖端塑性变形与损伤特征,有望揭示负应力比拉伸过载效应材料间差异性的内在机理。

本书研究的问题正是基于以上试验研究和理论方法提出的,期望通过直接观测与弹塑性有限元计算,探究拉伸过载后疲劳裂纹扩展过程中裂纹尖端塑性变形、损伤特征的演化行为,揭示负应力比下过载后疲劳裂纹扩展行为中材料间差异性的微观机理与力学机制,为金属疲劳裂纹扩展预测、损伤容限设计方法提供理论基础。

1.2　国内外研究现状及发展动态

1.2.1　疲劳裂纹扩展速率研究的国内外现状

自 20 世纪 40 年代以来,疲劳问题一直吸引着许多力学和材料科学家的关注。迄今为止,人们已经提出了上百种预测疲劳寿命的模型。疲劳破坏不同于一般的断裂,而是经过微观裂纹萌生与扩展,宏观裂纹萌生与扩展,最后突然断裂的过程。许多构件由于焊接、腐蚀或材料本身的组织缺陷而萌生裂纹,在疲劳载荷的作用下扩展并最后断裂,导致灾难性事故的发生。裂纹的发生发展过程主宰着失效过程,因此如何评定在役构件中的疲劳裂纹,既允许它们存在又要防止它们引起构件的失效,是整个疲劳学界面对的一个重要课题。

1847 年,德国人 A. 沃勒用旋转疲劳试验机首先对疲劳现象进行了系统的研究,提出了 S−N 疲劳寿命曲线及疲劳极限的概念,奠定了疲劳破坏的经典强度理论基础。常规的经典疲劳强度理论——名义应力法及局部应力—应变分析法,目前仍然是工程中应用最广泛的一种抗疲劳设计方法。19 世纪末到 20 世纪初,人们利用金相显微镜观察金属微观结构,发现破坏的过程可分为三个阶段:第一个阶段是疲劳裂纹的形成;第二个阶段是疲劳裂纹的扩展;第三个阶段是裂纹的瞬时断裂。由于瞬时断裂的时间很短,因此疲劳寿命主要由裂纹形成寿命和裂纹扩展寿命组成,也就是说构件的疲劳寿命一般分为裂纹形成寿命和裂纹扩展寿命两部分。

1920 年,英国人 A. A. Griffith 提出了裂纹扩展的能量理论。Griffith 用材料内部有缺陷(裂纹)的观点,解释了材料实际强度仅为理论强度的千分之一的现象,同时他认为,裂纹受载时,如果裂纹扩展所需的表面能小于弹性能的释放值,则裂纹就扩展并将最后导致断裂。这一理论在玻璃中得到了证实,但因为它只适用于完全弹性体,即完全脆性材料,所以没有得到发展。由于当时生产水平的限制,断裂还不是一个严重问题,直到第二次世界大战期间及战后,广泛采用焊接工艺及高强度材料,严重的脆断事故迭起,断裂问题才引起了人们的关注。20 世纪 50 年代,诞生了建立在裂纹尖端应力场强度理论基础上的断裂力学。根据能量理论,裂纹扩展时需要消耗一定的能量,主要是用于补偿两个方面能量的消耗:①裂纹扩展后形成新的表面,所以要消耗一定的能量用于形成新的表面;②有些材料在断裂之前要发生一定的塑性变形,因而要消耗一定的塑性变形功。

1963 年,Paris 和 Erdogan 在断裂力学方法的基础上提出了表达裂纹扩展规律的著名关系式——Paris 公式,为疲劳寿命的研究提供了估算裂纹扩展寿命的新方法,发展了"损伤容限设计",并成为 20 世纪疲劳强度设计的发展方向。公式中的参数可由标准的疲劳小试件得到。其基本形式为

$$\frac{\mathrm{d}a}{\mathrm{d}N} = C(\Delta K)^m \tag{1.1}$$

式中 $\dfrac{\mathrm{d}a}{\mathrm{d}N}$——疲劳裂纹扩展速率;

C——材料常数;

ΔK——应力强度因子幅;

m——材料常数。

1963 年,Rabothnov 提出了损伤因子的概念,其主要的思想就是裂纹扩展的主要因素取决于损伤因子的大小。

1977 年,Janson 等提出了损伤力学的概念。损伤力学主要研究宏观可见

缺陷或裂纹出现之前的力学过程即裂纹萌生过程,通过定义损伤变量研究损伤演化规律来预测疲劳寿命。

疲劳破坏由疲劳裂纹的萌生、小裂纹的扩展及长裂纹的扩展导致。大量的研究表明其中小裂纹的扩展(从大约 10 μm 到大约 1 mm)占整个疲劳寿命的 90% 左右。

国际上在研究小裂纹的扩展方面做了大量的研究工作,并召开了有关小裂纹扩展的专门国际会议,提出了多种描述小裂纹扩展的方法,其中包括疲劳裂纹的闭合(有效应力强度因子)方法。国际学术界和工业界做了大量的有关疲劳裂纹闭合的分析、测试和应用研究,召开了有关裂纹闭合的专门国际会议,并且将疲劳裂纹闭合研究列为重要的专题。疲劳裂纹的闭合(有效应力强度因子)方法也被大量应用于描述疲劳裂纹的扩展,如小裂纹的扩展和随机载荷的影响。可是,尽管过去国际学术界和工业界做了大量的有关疲劳裂纹闭合的分析、测试和应用研究,在描述疲劳裂纹的扩展方面也取得了一定的成功,但人们对疲劳裂纹闭合中的许多问题仍难以理解。近几年来,以美国海军 Vasudevan 和 Sadananda 为首的一批科学家对使用疲劳裂纹闭合现象来预报寿命提出了质疑,甚至怀疑塑性变形所导致的裂纹闭合现象的存在。另外,Newman、Wu 和 Liu 也指出了在使用疲劳裂纹闭合应力中的问题,例如不同试件的几何形状对裂纹闭合应力也有影响。这将给在实际工程中使用裂纹闭合应力描述裂纹扩展带来困难,因为在实际工程中构件的尺寸和形状是不同的。尽管基于裂纹闭合概念所建立的寿命预测模型被成功地应用于描述几种合金中的裂纹在一定载荷谱下的扩展,然而许多基本问题还有待于解决。

裂纹尖端张开位移(Crack Tip Opening Displacement,CTOD)是判别裂纹开始扩展的近似工程方法。在拟合小裂纹和长裂纹的扩展速率方面,CTOD 被认为是一个很有希望的参数,因为 CTOD 是一个弹塑性断裂力学参数,其定义甚至在大范围屈服下也有效。然而,近来的研究结果表明 CTOD 不能够拟合小裂纹和长裂纹扩展速率,甚至在加入了裂纹闭合的影响因素以后也做不到。

除此之外还有 J 积分法、双参数法,目前国际上所采用的几种描述小疲劳裂纹扩展的方法在一定程度上取得了成功,然而每一种方法都存在着不足,都难以直接反映疲劳裂纹的实际扩展机理。

20 世纪 80 年代后期,前世界疲劳大会主席、世界著名疲劳科学家 Beevers

提出了基于疲劳裂纹的实际扩展机理的新方法。这种方法基于疲劳裂纹试验,其采用超高分辨率动态扫描电镜直接观察疲劳裂纹在各种载荷及条件下的实际扩展机理并在三维弹塑性大变形下采用有限元法模拟疲劳裂纹的实际扩展过程。到目前为止,这种方法已经取得了很大的成功,得到了广泛的应用。

虽然预测疲劳裂纹寿命的方法很多,但是仍有很多问题需要不断深入探讨。目前在疲劳裂纹形成寿命预测方法中,局部应力—应变法最有效,使用也最为广泛;场强法发展迅速,具有发展潜力,但是其分析计算方法较为复杂。

1.2.2 压载荷对疲劳裂纹扩展的影响

通常认为,疲劳裂纹的扩展机制与裂纹尖端的塑性应变有直接关系。人们对裂纹尖端塑性区的形状及尺寸做了大量研究,来表征裂纹尖端的变形。到目前为止,已经有许多简单的分析模型被提出并在实践中得到了应用。其中以 Irwin、Rice 对裂纹尖端塑性区形状与尺寸的描述以及 Dugdale 条状塑性区模型最为著名。在 W. Elber 发现疲劳裂纹的闭合现象以后,大量的研究结果表明,疲劳裂纹尖端的塑性区对疲劳裂纹的扩展行为有重要的影响。目前普遍认为压载荷对疲劳裂纹扩展有贡献。然而,关于压载荷影响的研究报道虽然不少,但很多重要的影响因素没有阐述清楚,一方面是负应力比下控制裂纹扩展的驱动力参数,另一方面是压载荷对疲劳裂纹扩展影响的机理。Yu 等通过负应力比加载下中心裂纹试件研究指出控制裂纹扩展的驱动力参数是 K_{max} 和 S_{min}(最小外加载荷)而不是 K_{max} 和 R。Zhang 等对无切口的中心穿透裂纹试件进行了负应力比加载疲劳有限元分析,得出裂纹扩展的弹塑性响应也是 K_{max} 和 S_{min} 而不是 K_{max} 和 R 的结论。Benz 和 Sander 提出采用一个通用的参数来量化任意几何形状和加载条件的负应力加载时裂纹尖端的变化情况。

有些学者指出,负应力比加载时裂纹闭合和裂纹扩展没有关系,而且负应力比加载对过载和低载效应的影响是相反的。Mehrzadi 和 Taheri 研究了裂纹尖端的应力分布,指出裂纹尖端压应力分布一定与裂纹扩展速率有关。Albashir 指出了压载荷作用下不同长度裂纹对裂纹尖端塑性变形的影响。

学者们提出了各种各样的分析模型来模拟迟滞效应,工程上常用的有Wheeler 模型、Willenborg 模型等,并提出了控制疲劳裂纹扩展的驱动力参数 ΔK_{eff}。Zhang、Yu 等指出,负应力比下控制疲劳裂纹扩展的驱动力参数为最大压载荷与最大应力强度因子。J. Shan 等基于等效塑性理论的虚拟裂纹退火(Virtual Crack Annealing, VCA)模型区域概念,用裂纹闭合程度来解释延迟现象,但并不能描述拉压过载中压载荷的作用。Benz 等基于弹塑性有限元方法,指出裂纹扩展驱动力参数应为裂纹尖端应力 σ_{tip} 与最大应力强度因子 K_{max},并将其应用于过载效应分析。

Silva 发现几种不同材料的疲劳裂纹扩展试验中压载荷对裂纹扩展存在影响,表明裂纹闭合理论不足以解释应力比 $R<0$ 时的裂纹扩展情况。Zhang 等应用高分辨率扫描电镜成功观测了超细晶铝合金 9052 的疲劳裂纹扩展情况,指出应力强度因子差值和最大值都不直接反映疲劳裂纹的扩展机理,并提出了反向塑性损伤机制,将拉载荷卸载与压载荷加载过程中裂纹尖端的反向塑性损伤与瞬时裂纹扩展速率 da/dS 联系,成功解释了应力比效应与压载荷效应问题。沙宇等应用 da/dS 模型,推导了拉—压加载下铝合金疲劳裂纹扩展速率 da/dN 模型;Song 等通过对 2 种典型工程模型与 Zhang 模型的对比分析,指出该双参数模型更适合预测负应力比下 LY12 铝合金疲劳裂纹扩展行为;Bai 将该方法应用于玻璃纤维铝合金层板的疲劳裂纹扩展预测。

通过将影响裂纹尖端塑性流动的循环塑性属性参数引入裂纹扩展弹塑性有限元模型,可以模拟负应力比拉伸过载后,压载荷作用对拉伸过载影响区内裂纹尖端应力场与应变场、正向与反向塑性区尺寸、裂纹张开与闭合形貌、裂纹尖端残余应力的影响。

1.2.3　拉伸过载对疲劳裂纹扩展的影响

在恒幅加载中引入单个拉伸过载是最普遍的一种变幅加载。弹塑性材料单峰拉伸过载后疲劳裂纹扩展通常经历以下过程:过载后的瞬时加速扩展阶段;延迟迟滞扩展阶段;迟滞扩展阶段;过载后的稳定扩展阶段。

尽管学者们对裂纹扩展的过载迟滞效应有了较普遍的认同,但是在负应力比下,或者压载荷过载后,不同材料却表现出明显的过载效应差异性,存在不出现迟滞、加速扩展等行为。

Silva 对低碳钢、钛合金 Ti6Al4V 和铝合金 Al7175 三种材料进行了变幅载荷下的疲劳裂纹扩展试验,当基线应力比 $R=0$ 时,钛、铝合金表现出拉伸过载迟滞的现象,而低碳钢则对拉伸过载几乎无反应。McEvily 和 Makabe 对低碳钢的过载试验同样观察到 $R<0$ 时过载导致裂纹扩展加速的现象,且

随着过载的增加,加速量减小。Romeiro 等在利用低碳钢进行试验时发现,单个拉伸过载的迟滞效应在施加反向过载后消失。在负应力比条件下,无论施加单个拉伸过载还是多个拉伸过载,都没有观察到明显的迟滞效应,而在施加单个或连续的压缩过载后,反而出现了明显的迟滞效应。Al7075－T651 材料在压缩过载后裂纹扩展的行为没有受到任何影响。Sander 在对铝合金紧凑试件进行了不同过载比下的连续过载试验后指出,当基线应力比 $R \geqslant 0$,且过载量不太大时,拉伸过载将导致疲劳裂纹扩展迟滞;而基线应力比 $R < 0$,或过载量非常大时,将会出现过载后裂纹扩展加速。陈瑞峰等的研究也指出压载荷对过载迟滞具有抵消作用。

Ohrloff 等在应力比 $R = 0.5$ 条件下对铝合金进行了压缩过载试验,其试验结果显示反向过载后的裂纹扩展速率出现了明显的增大现象。也有研究者发现锡合金在单轴或纯弯曲的状态下,反向过载也会导致裂纹扩展速率的增大。Krkoska 等的研究结果表明,在高应力比时反向过载的加速效应比低应力比时更加明显,而反向过载将很大程度上影响试件的寿命。Robin 指出,不锈钢在应力比 $R = 0$ 时出现反向过载加速的情况。Bacila 等研究了镍铬合金在反向过载后的裂纹扩展行为,其结果表明应力比对反向过载的效应具有明显的影响。

1.2.4 压载荷对纤维增强金属层板疲劳裂纹扩展的影响

不同于各向同性的金属材料,纤维增强金属层板疲劳裂纹扩展速率的主要预测方法分为唯象方法、解析方法、有限元数值方法。

(1)唯象方法。

吴学仁、郭亚军建立了纤维增强金属层板在等幅疲劳载荷下裂纹扩展速率和寿命预测的唯象模型:

$$\Delta K_{\text{eff}} = \frac{\sqrt{l_0}}{\sqrt{(a-s) + l_0/F_0^2}} \Delta S_{\text{eff}} \sqrt{\pi a} \tag{1.2}$$

式中,ΔS_{eff} 为有效远场应力幅;l_0 为等效裂纹长度;s 为锯切裂纹长度;a 为半裂纹长度。对于中心裂纹拉伸(Central Crack Tension,CCT)试件,$F_0 = \sqrt{\sec(\pi s/w)}$,$w$ 为试件的总宽度。

该模型仅从纤维增强金属层板的稳定扩展特性出发,被称为唯象方法。但是,唯象方法并没有考虑负应力比加载下压载荷对纤维增强金属层板疲劳裂纹扩展速率的影响。

（2）解析方法。

1988 年，R. Marissen 通过引入若干修正因子 C_d、C_s、$C_{ad,d}$，最早提出了涉纹桥连应力$(S_{al} - S_{al,0})$、锯切尺寸 h 等因素的应力强度因子计算模型：

$$\Delta K_{tot} = C_d (S_{al} - S_{al,0}) \sqrt{\pi a} + C_s C_{ad,d} (S_{al} - S_{al,0}) \sqrt{h \tan \frac{\pi a}{h}} \qquad (1.3)$$

然而，Marissen 的方法建立在椭圆分层形状假设和简化的裂纹张开形貌基础上。荷兰 Delft 工业大学 R. C. Alderliesten 等使用线弹性断裂力学方法，建立了 GLARE 层板的层间分层与铝合金裂纹扩展数学模型：

$$\frac{db}{dN} = C_d (\sqrt{G_{d,max}(x)} - \sqrt{G_{d,min}(x)})^{n_d} \qquad (1.4)$$

式中，$\dfrac{db}{dN}$ 为分层扩展速率；$G_{d,max}$ 为胶黏剂剪切最大变形能；$G_{d,min}$ 为胶黏剂剪切最小变形能；C_d、n_d 为修正因子。

（3）有限元数值方法。

但是，Alderliesten 模型仍没有考虑拉压加载条件下压载荷部分对裂纹扩展速率的影响。Yeh 应用有限元方法描述了 Titanium-carbon 层板的疲劳裂纹扩展行为，Burianek 建立了一个含 8 节点单元三维有限元模型。Chang 等采用 ABAQUS 与 COHESIVE 单元模拟了含多孔纤维增强金属层板分层，分析了疲劳裂纹扩展过程各层铝合金的应力分布。

有限元方法主要通过计算裂纹尖端的应力强度因子 K 或者裂纹尖端能量释放率，借助 Paris 公式预测裂纹扩展寿命。最近有学者通过裂纹尖端塑性区尺寸计算的新方法，建立了基于该方法的铝合金材料的疲劳裂纹扩展预测模型。

1.3 研究内容

疲劳裂纹尖端塑性区分为单调（正向）塑性区与循环（反向）塑性区，其中单调塑性区是由远场载荷产生的，随着载荷的变化而变化，循环塑性区是当远场载荷发生变化时产生的反向流变区。应用不同屈服条件和计算方法，塑性区尺寸计算结果存在差异，而且目前没有针对负应力比下的压载荷过程循环塑性区尺寸计算的公认解析方法。

本书采用弹塑性有限元建模方法深入分析压载荷效应与过载效应的内在机理,并采用弹塑性有限元方法与塑性损伤理论相结合的方法,建立拉—压循环加载下铝合金疲劳裂纹扩展速率的预测模型、拉—压循环加载下铝合金层板疲劳裂纹扩展速率预测模型以及拉—压循环加载下单峰过载铝合金疲劳裂纹扩展速率预测模型。通过弹塑性有限元与增量塑性损伤理论相结合的方法,建立拉—压等幅与变幅循环加载下的疲劳裂纹扩展速率预测模型,具体研究方法如下。

1.3.1　压载荷效应与过载效应机理的研究方法

利用弹塑性有限元分析方法,分别建立静态裂纹有限元模型和动态扩展有限元模型。基于静态裂纹有限元模型,通过分别施加拉—压与拉—拉两种循环载荷,对比分析疲劳裂纹尖端参数——应力场、位移场、塑性区尺寸在两种加载情况下的差异,探讨拉—压疲劳裂纹扩展的压载荷效应机理。

基于动态扩展有限元模型,通过分别施加等幅和单峰过载两种循环载荷,对比分析疲劳裂纹尖端参数在这两种加载情况下的差异,阐述疲劳裂纹扩展的过载效应的机理。

1.3.2　拉—压疲劳裂纹扩展速率预测模型建立的方法

设计拉—压疲劳加载方案,改变最大压载荷和裂纹长度等因素,通过静态裂纹有限元模型,计算不同加载状态下,裂纹尖端反向塑性区尺寸,建立裂纹尖端塑性区尺寸与加载状态关系的双参数数学模型。将裂纹尖端塑性区尺寸双参数数学模型代入塑性损伤理论,推导拉—压循环加载下铝合金材料疲劳裂纹扩展速率的预测模型。应用最小二乘线性拟合方法基本原理,建立适合于预测模型参数拟合的方法。

1.3.3　纤维增强铝合金层板的疲劳裂纹扩展预测模型建立的方法

利用纤维增强金属层板疲劳裂纹扩展速率预测的唯象方法和增量塑性损伤理论假设,对拉—压循环加载下纤维增强铝合金层板的疲劳裂纹扩展速率预测模型进行推导分析。

1.3.4　过载后疲劳裂纹扩展速率预测模型建立的方法

依据增量塑性损伤理论原则,将过载后裂纹尖端塑性区尺寸计入该理论模型,建立疲劳裂纹扩展的过载后疲劳裂纹扩展速率预测模型。

首先将计算过载后裂纹尖端有效应力强度因子的 Willenborg 模型与计算裂纹尖端塑性区尺寸的 Irwin 模型相结合,建立过载后塑性区尺寸计算方法——过载后正向塑性区尺寸模型 $\rho_{afterOL}$ 和过载后反向塑性区尺寸模型 $\rho_{r,afterOL}$,并通过有限元计算结果对该模型进行验证。将 $\rho_{afterOL}$ 和 $\rho_{r,afterOL}$ 模型代入增量塑性损伤理论,推导变幅循环加载下考虑过载效应的铝合金疲劳裂纹扩展速率模型。

1.3.5 试验研究方法

铝合金试件满足《疲劳裂缝增长率测量的标准试验方法》(ASTM E647—2013a)和 GB/T 6398—2017 中规定的矩形截面试件尺寸形状要求,采用 GB/T 6398—2017 金属材料疲劳裂纹扩展速率试验方法中标准中心裂纹拉伸 M(T)试件,分别进行等幅拉-拉、拉-压,拉-拉单峰过载,拉-压单峰过载试验。

试验程序按 ASTM E647—2013a 和 GB/T 6398—2017 方法执行,并用自行编制的计算机软件进行疲劳裂纹长度的测量。绘制 $K_{max}-da/dN$ 曲线,对拉-拉单峰过载、拉-压单峰过载疲劳裂纹扩展速率预测模型的合理性进行验证。

为了考察在拉-压循环加载作用下压载荷部分对纤维增强铝合金层板疲劳裂纹扩展速率的影响,对本书推导给出的拉-压循环加载下,纤维增强铝合金层板疲劳裂纹扩展速率预测模型进行了疲劳裂纹扩展试验验证。

第 2 章　增量塑性损伤理论

研究裂纹扩展有两种观点:一种是能量平衡的观点,裂纹扩展的动力是构件在裂纹扩展中所释放出的弹性应变能,它补偿了产生新裂纹表面所消耗的能量,如 Griffith 理论;另一种是应力场强度的观点,认为裂纹扩展的临界状态是裂纹尖端的应力场强度达到材料的临界值,如 Irwin 理论、J 积分理论、Paris 公式、裂纹闭合理论,以及根据疲劳裂纹扩展观测结果提出的增量塑性损伤理论。

2.1　裂纹扩展的能量理论

如图 2.1 所示,在一个无限大板中,中心有一个长为 $2a$ 的 I 型穿透裂纹,该裂纹垂直方向作用有均匀拉伸应力 σ,在平面应力状态下,由能量平衡方程可以给出断裂应力 σ_f。

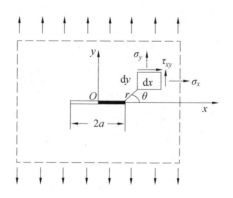

图 2.1　无限大板中的 I 型裂纹

$$\sigma_f = \sqrt{\frac{2E\gamma}{\pi a}} \tag{2.1}$$

式中,E 为材料的弹性模量;γ 为材料的表面能。显然,当外加应力 σ 达到 σ_f 时,裂纹就会扩展,导致材料脆性断裂。这就是材料脆性断裂的 Griffith 判据。

1957 年,Irwin 认为裂纹是脆性断裂破坏的要害,而裂纹顶端区域的应力场又是其中的核心。裂纹尖端应力场与载荷条件、试件尺寸、裂纹大小毫不相干,是只由材料的固有性质决定的不变值。$\sigma\sqrt{\pi a}$ 大于这个值时裂纹就会快速扩展,因此,这个常数真正代表了材料对断裂的抵抗能力。Irwin 由此提出了应力强度因子的概念:

$$K_{\mathrm{I}} = \sigma\sqrt{\pi a} \tag{2.2}$$

构件几何形状和受力情况不同,应力强度因子也就不同。可以用一个与裂纹形状、加载方式及试件类型有关的形状系数 Y 来修正式(2.2):

$$K_{\mathrm{I}} = \frac{Y}{\alpha}\sigma\sqrt{\pi a} \tag{2.3}$$

式中,$\alpha=1$(对于平面应力问题)或 $\alpha=2\sqrt{2}$(对于平面应变问题)。

对形状简单的构件,可以用数学方法求出其形状系数,例如,对于一块带有边缘裂纹的无限大板,$Y=1.12$。对形状复杂或受力状况复杂的构件,则不能用数学方法求出其形状系数,只能借助试验得到一个经验公式来确定。

2.2 J 积分理论

J 积分是衡量有塑性变形时裂纹尖端区应力—应变场强度的力学参量。这个参量可以通过理论计算,还可以通过试验来测定,J 积分可作为弹塑性条件下的断裂判据,这是 J 积分对断裂力学的重大贡献。

J 积分代表一种能量积分,对于二维问题,Rice 提出的 J 积分是如下定义的线积分:

$$J = \int_{c} -\left(W_1\mathrm{d}y - T_i\frac{\partial u_i}{\partial x}\mathrm{d}s\right) \tag{2.4}$$

式中,c 为由裂纹下表面某点到裂纹上表面某点的简单积分线路;W_1 为弹性应变能密度;T_i 和 u_i 分别为线路上作用于 $\mathrm{d}s$ 积分单元上 i 方向的面力分量和位移分量。

在弹塑性断裂力学中,J 积分可以当作一种参量建立相应的断裂判据:

$$J \geqslant J_{\mathrm{IC}} \tag{2.5}$$

式中,J_{IC} 为 Ⅰ 型裂纹启裂时的平面应变断裂韧度。当材料处于不同的受力状态时,J 积分的物理意义不同。

2.2.1　线弹性材料 J 积分的物理意义

无论是线弹性体还是非线弹性体,在一定条件下均可以证明 J 积分的数值等于能量释放率 J。J 积分的断裂判据不但存在,而且与断裂力学中的线弹性断裂力学的 K 判据 $K_{\mathrm{I}} = K_{\mathrm{IC}}$、界面断裂力学的 G 判据 $G_{\mathrm{I}} = G_{\mathrm{IC}}$ 等效。

2.2.2　弹塑性材料 J 积分的物理意义

对于弹塑性材料,当裂纹扩展时,必然造成卸载,因此存储在材料中的应变能不会全部释放,这就是 J 积分的物理意义。经分析可知,对于一般弹塑性材料,J 积分代表两个相同尺寸的裂纹体,具有相同的边界约束和相同的边界载荷,但裂纹长度相差 Δa,当 $\Delta a \to 0$ 时的单位厚度势能的差率。其可用下式表示:

$$J = -\frac{1}{B}\,\frac{\partial \Pi}{\partial a} \tag{2.6}$$

式中,B 为试件厚度;Π 为总势能;a 为裂纹长度。

2.3　疲劳裂纹扩展规律 Paris 公式

Irwin 提出,裂纹尖端附近的应力场是由应力强度因子 K 控制的,故裂纹在疲劳载荷作用下的扩展应当能够利用应力强度因子 K 进行定量的描述。

Paris 公式表示疲劳裂纹在一个载荷周期中的扩展速率 $\mathrm{d}a/\mathrm{d}N$ 可以用一个唯一的参数应力强度因子的差值来决定。因此,不同裂纹长度、不同几何形状及在不同应力水平下的疲劳裂纹扩展速率均可由应力强度因子差值作为一个统一参数来描述。Paris 公式的提出使得由小尺寸、简单几何形状的试验室试件获得的疲劳裂纹扩展数据预测实际工程构件在实际载荷下的疲劳裂纹扩展寿命成为可能。

2.4　裂纹闭合理论

1971 年,W. Elber 在平面应力试件拉-拉疲劳裂纹扩展试验中观察到了裂纹闭合现象,并由此提出了用有效应力强度因子的差值来描述疲劳裂纹在一个载荷周期中的扩展量 $\mathrm{d}a/\mathrm{d}N$ 的方法。Elber 公式的表达形式为

$$\frac{\mathrm{d}a}{\mathrm{d}N} = C(\Delta K_{\mathrm{eff}})^{m} \qquad (2.7)$$

式中,C 和 m 为材料常数;ΔK_{eff} 为应力强度因子在一个载荷周期中的差值的有效值(一个载荷周期中最大应力强度因子和张开强度因子的差值,$\Delta K_{\mathrm{eff}} = K_{\mathrm{max}} - K_{\mathrm{op}}$,$K_{\mathrm{op}}$ 为在一个载荷周期中当疲劳裂纹完全张开时应力强度因子的值。

　　Elber 公式指出:疲劳裂纹在一个载荷周期中的扩展速率 $\mathrm{d}a/\mathrm{d}N$ 应该由有效应力强度因子差值 ΔK_{eff} 唯一决定。

　　该理论指出载荷为负值裂纹闭合,裂纹不张开便不扩展。Paris 公式指出在拉—压循环加载时疲劳裂纹扩展速率公式中的 ΔK 等于最大应力强度因子 K_{max},即认为在相同的 K_{max} 下应力比 $R = 0$ 与应力比 $R < 0$ 的情况具有相同的疲劳裂纹扩展速率。目前美国标准 ASTM E647—2013a 以及我国标准 GB/T 6398—2017 也规定,拉—压循环加载时只有拉载荷部分对疲劳裂纹扩展速率有影响。

　　然而,在实际工程环境中,特别是在飞机的飞行条件下,结构所承受的载荷条件是非常复杂的,不能简单地用 Paris 公式描述。Topper 和 Yu 发现压载荷对铝合金 2024—T351 裂纹扩展速率有显著影响。Fonte 等发现铝合金 7049 的裂纹扩展速率在应力比 $R = 0$ 和 $R = -1$ 条件下有明显的差别。这是因为当载荷为零时裂纹并不一定闭合,甚至当压载荷存在时裂纹依然张开,裂纹尖端形成了一个空洞,因此压载荷对疲劳裂纹的扩展是有影响的。

　　国际学术界和工业界已多次召开了以裂纹闭合研究为重要专题的国际会议,但疲劳裂纹闭合中的许多问题至今仍没有解答。首先,准确测量疲劳裂纹闭合应力是很困难的。根据美国材料与试验协会(American Society of Testing and Materials,ASTM)的试验结果,人们发现对相同的试件尺寸、相同的材料、同样的加载条件,在不同试验室中获得的结果有很大的差别,并且不同的测试方法所获得的闭合应力值有很大的差异。其次,裂纹闭合理论没有考虑负应力比下压载荷对疲劳裂纹扩展速率的影响。Silva 发现几种不同材料的疲劳裂纹扩展试验中压载荷对裂纹扩展存在影响。由于裂纹闭合理论不足以解释应力比 $R < 0$ 时裂纹的扩展情况,因此,Vasudevan 等指出疲劳裂纹闭合理论在解释裂纹扩展速率方面具有局限性。

2.5　增量塑性损伤理论

近年来 Zhang 等应用高分辨率扫描电镜成功观测了超细晶铝合金 9052 的疲劳裂纹扩展情况,根据观测结果提出了增量塑性损伤理论(incremental plastic damage theory),并将其应用于建立拉－压循环加载条件下的疲劳裂纹扩展模型,该模型适用于等幅加载条件下疲劳裂纹扩展速率寿命预测,对变幅拉－压加载条件下压载荷对疲劳裂纹扩展速率的影响还需进一步研究。以 Zhang 为主的课题组经过理论分析和试验监测提出了一个新的研究方法,引入了一个新参数 da/dS,定义了一个应力周期中任一时刻疲劳裂纹扩展速率随实际应力 S 的变化。参数 da/dS 的提出基于最近在铝合金中,疲劳裂纹扩展过程的动态扫描电镜的观测结果。在此观测中,一个应力周期内的疲劳裂纹扩展过程被记录下来,在应力周期中,疲劳裂纹长度表现为以连续的方式随实际应力的增长而增长。因此,疲劳裂纹增长率 da/dS 可以在一个应力周期中任何位置被定义。并且,Zhang 等提出了疲劳裂纹扩展的塑性区损伤机制,即疲劳裂纹增量 da 与拉载荷加载产生的裂纹尖端正向塑性区尺寸增量 $d\rho$ 相对应。

增量塑性损伤理论的基础是引入一个新的参数 da/dS 来描述疲劳裂纹的扩展过程。引入参数 da/dS 并应用于计算目前国际上通用的计量疲劳裂纹扩展速率的参数 da/dN,需要建立几个基本假设,下面介绍增量塑性损伤理论基本思想和基本假设,以及应用 da/dS 计算 da/dN 的方法。

2.5.1　参数 da/dS 的引入

假设 1:疲劳裂纹长度增长以一种连续方式出现。

加载历史如图 2.2 所示,在应力循环的任一时刻,存在疲劳裂纹增长率 da/dS,即瞬时疲劳裂纹扩展速率,为疲劳裂纹长度对疲劳载荷周期中任意瞬时的应力导数,da 为裂纹增量,dS 为加载载荷增量。

2.5.2　参数 da/dS 与参数 da/dN 的关系

目前国际上通用的参数为 da/dN,其定义为疲劳裂纹长度在一个载荷周期后的变化量。参数 da/dS 同参数 da/dN 的关系可以表达为

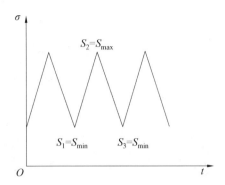

图 2.2　加载历史

$$\frac{\mathrm{d}a}{\mathrm{d}N} = \int_{S_i}^{S_f} \left(\frac{\mathrm{d}a}{\mathrm{d}S} \right) \mathrm{d}S = \int_{S_i}^{S_f} \mathrm{d}a \qquad (2.8)$$

式中, S_i 为一个疲劳载荷周期中的初始应力值; S_f 为一个疲劳载荷周期中的最终应力值,在常载荷谱下式(2.8)可写为

$$\frac{\mathrm{d}a}{\mathrm{d}N} = \int_{S_i}^{S_f} \mathrm{d}a = \int_{S_1}^{S_2} \mathrm{d}a + \int_{S_2}^{S_3} \mathrm{d}a \qquad (2.9)$$

式中, S_1 和 S_3 为一个疲劳载荷周期中的最小应力值; S_2 为一个疲劳载荷周期中的最大应力值,如图 2.2 所示。

假设 2:疲劳裂纹的扩展只发生在加载过程。

$$\int_{S_2}^{S_3} \mathrm{d}a = 0 \qquad (2.10)$$

所以,式(2.9)可写为

$$\frac{\mathrm{d}a}{\mathrm{d}N} = \int_{S_i}^{S_f} \mathrm{d}a = \int_{S_1}^{S_2} \mathrm{d}a \qquad (2.11)$$

假设 3:疲劳裂纹的扩展源于裂纹尖端区域塑性损伤的增长。

如图 2.3 所示,疲劳裂纹增量 $\mathrm{d}a$ 与塑性区尺寸增量 $\mathrm{d}\rho$ 的比值,是当前加载拉伸载荷对应的裂纹尖端正向塑性区尺寸 ρ 与前一个循环拉伸载荷卸载产生的反向塑性区尺寸(循环塑性区尺寸) ρ_r 的函数,即

$$\frac{\mathrm{d}a}{\mathrm{d}\rho} = B(\rho)^\alpha (\rho_r)^\beta \qquad (2.12)$$

式中, B、α、β 为材料常数; $\mathrm{d}\rho$ 为与加载拉伸载荷增量 $\mathrm{d}S$ 相对应的裂纹尖端正向塑性区尺寸增量,则 $\mathrm{d}a/\mathrm{d}S$ 可以转化为 $\mathrm{d}a/\mathrm{d}N$:

$$\frac{\mathrm{d}a}{\mathrm{d}N} = \int_{S_1}^{S_2} \left(\frac{\mathrm{d}a}{\mathrm{d}S} \right) \mathrm{d}S = \int_{S_1}^{S_2} \left(\frac{\mathrm{d}a}{\mathrm{d}\rho} \right) \mathrm{d}\rho = \int_{\rho_{\min}}^{\rho_{\max}} B\rho_r^\beta \rho^\alpha \, \mathrm{d}\rho \qquad (2.13)$$

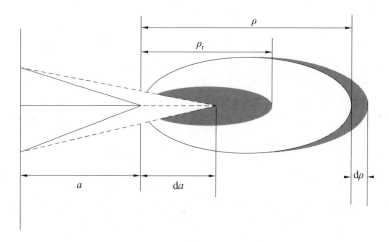

图 2.3　增量塑性损伤理论

2.6　本章小结

　　本章介绍了裂纹扩展的能量理论、J 积分理论、裂纹闭合理论等，并详细介绍了基于疲劳裂纹扩展试验观测结果的增量塑性损伤理论。

第3章　有限元模型的建立与参数分析

本章采用 ABAQUS 软件进行有限元分析。反映真实情况的非线性分析是一个十分复杂的过程，ABAQUS 为用户提供了强大的功能和高效的方法，即用户只需要提供结构的几何形状、材料性能、网格大小和类型、边界条件和加载条件等数据，ABAQUS 便可以自动选择载荷增量和收敛准则等参数的值，并在分析中不断地调整这些参数，以获得精确的有限元数值结果。运用有限元方法必须保证计算的准确度和计算效率，否则就失去了其应用的意义。因此，在保证准确度和效率的前提下，对模型进行必要的简化，使得网格单元少、存储规模小、计算速度高是本章有限元建模考虑的主要问题。建立和优化有限元模型后，分别应用静态裂纹有限元模型和动态扩展裂纹有限元模型，进行拉－压与拉－拉及等幅与变幅加载下的裂纹尖端参数的对比分析。通过弹塑性有限元分析结果，阐述疲劳裂纹扩展的压载荷效应与过载效应的机理。

3.1　理想弹塑性材料裂纹尖端的弹塑性响应

由于铝合金材料疲劳裂纹尖端附近会产生很大的应力集中，当外载荷很小时材料裂纹尖端会发生塑性屈服。裂纹尖端进入塑性屈服后用线弹性断裂力学无法解决应力奇异性问题，1960 年 Barenblatt 和 Dugdale 因此提出了弹塑性断裂力学的概念，并且在裂纹前端引入了塑性区概念。由于裂纹尖端附近应力集中，因此一定会出现塑性区，若塑性区比裂纹尺寸小得多，则属小范围屈服情况，可认为塑性区对弹性应力场影响不大。进而应力强度因子(或经修正)可用于表征裂纹尖端附近应力场强度，并建立相应裂纹失稳扩展准则。

在塑性区之外仍然存在着大范围的弹性区。在此弹性区部分，线弹性断裂力学公式仍然适用。在拉载荷加载阶段，可以应用线弹性断裂力学公式计算裂纹尖端附近塑性区外的应力、应变场；在塑性区内点的应力状态用弹塑性力学模型描述；在拉载荷卸载阶段，裂纹尖端附近的应力、应变场可用断裂力学中的"塑性叠加法"计算，并结合反向屈服塑性区尺寸的计算来校核。

3.1.1 裂纹尖端前方塑性区尺寸计算

裂纹尖端的塑性区尺寸,通常是指裂纹沿线上由裂纹尖端到塑性区在裂纹扩展方向上的边界间的距离。基于线弹性断裂力学,Irwin 给出了理想弹塑性材料服从 von Mises 屈服准则的塑性区尺寸计算公式:

$$\rho = \frac{Y^2 a}{\alpha}\left(\frac{\sigma}{\sigma_{ys}}\right)^2 = \frac{1}{\alpha\pi}\left(\frac{K}{\sigma_{ys}}\right)^2 \tag{3.1}$$

式中,Y 为几何形状影响因子(对无限大板中心贯穿裂纹,$Y=1$);对于平面应力,$\alpha=1$,对于平面应变,$\alpha=2\sqrt{2}$;σ 为作用在裂纹远端垂直裂纹面的外载荷;σ_{ys} 为材料在 y 方向上的屈服应力。

当外载荷卸载 $\Delta\sigma$(可视为反向加载 $\Delta\sigma$)时,张开的裂纹仍然会产生很大的应力集中,卸载时裂纹尖端很快就会出现反向塑性流动,此时反向屈服的应力增量为 $2\sigma_{ys}$,则反向塑性区尺寸 ρ_r 为

$$\rho_r = \frac{Y^2 a}{\alpha}\left(\frac{\Delta\sigma}{2\sigma_{ys}}\right)^2 = \frac{1}{\alpha\pi}\left(\frac{\Delta K}{2\sigma_{ys}}\right)^2 \tag{3.2}$$

3.1.2 裂纹尖端应力场

1. 弹性区内应力场

最简单的二维裂纹问题是含有穿透裂纹(长为 $2a$)的无限大板在两端无穷远处承受垂直于裂纹面的拉应力 σ 作用的情况,如图 3.1 所示。

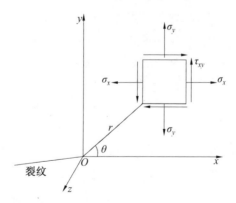

图 3.1　含有穿透裂纹的无限大板在两端无穷远处承
受垂直于裂纹面的拉应力

在拉应力加载阶段,裂纹尖端附近塑性区外的广大弹性区的应力状态,可利用线弹性断裂力学中的应力场强度因子 K_{I} 来描述,其定义为

$$K_{\mathrm{I}} = \frac{Y}{\alpha}\sigma\sqrt{\pi a} \tag{3.3}$$

一般平面二维裂纹问题中,假设在无穷远处,$\sigma_y(\infty)=0$,$\sigma_x(\infty)=0$,$\tau_{xy}(\infty)=0$;在裂纹面上 $(-a<x<a,y=0)$,$\sigma_y=0$,$\sigma_x=0$,$\tau_{xy}=0$。

利用复变函数方法,裂纹尖端附近塑性区外任一点处的应力由边界条件得到,$z\to a(r\ll a)$ 时裂纹尖端附近任一点 (r,θ) 处的正应力 σ_x、σ_y 和剪应力 τ_{xy} 分别为

$$\sigma_x = \frac{K_{\mathrm{I}}}{\sqrt{2\pi r}}\cos\frac{\theta}{2}\left(1-\sin\frac{\theta}{2}\sin\frac{3\theta}{2}\right) \tag{3.4}$$

$$\sigma_y = \frac{K_{\mathrm{I}}}{\sqrt{2\pi r}}\cos\frac{\theta}{2}\left(1+\sin\frac{\theta}{2}\sin\frac{3\theta}{2}\right) \tag{3.5}$$

$$\tau_{xy} = \frac{K_{\mathrm{I}}}{\sqrt{2\pi r}}\cos\frac{\theta}{2}\sin\frac{\theta}{2}\cos\frac{3\theta}{2} \tag{3.6}$$

式中,r 为点极坐标参数的向径;θ 为点极坐标参数的幅角。

根据式(3.4)~(3.6)可知,在裂纹延长线上 $(\theta=0)$ 剪应力为零,x、y 即为主方向,正应力即为主应力:

$$\sigma_x = \sigma_y = \sigma_1 = \sigma_2 = \frac{K_{\mathrm{I}}}{\sqrt{2\pi r}}\ \text{及}\ \sigma_3 = 0\text{(平面应力)} \tag{3.7}$$

在卸载阶段,根据 J. R. Rice 以弹性－理想塑性模型为基础,在比例塑性流动的条件下提出的"塑性叠加法",将加载到 σ 时裂纹延长线上的应力分布,与卸载 $\Delta\sigma$(可视为反向加载 $\Delta\sigma$)时裂纹延长线上的应力分布相叠加,即可得到外载荷加载 σ 后再卸载 $\Delta\sigma$ 时,裂纹延长线上应力 σ_y 的分布表达式:

$$\begin{cases} \sigma_{y\,|\,\sigma-\Delta\sigma} = -\sigma_{\mathrm{ys}}, & 0\leqslant r\leqslant R_{\mathrm{r}} \\[2mm] \sigma_{y\,|\,\sigma-\Delta\sigma} = \sigma_{\mathrm{ys}} - \dfrac{K_{\mathrm{I}}}{\sqrt{2\pi(r-R_{\mathrm{r}}/2)}}, & R_{\mathrm{r}}\leqslant r\leqslant R \\[2mm] \sigma_{y\,|\,\sigma-\Delta\sigma} = \dfrac{K_{\mathrm{I}}}{\sqrt{2\pi(r-R/2)}} - \dfrac{K_{\mathrm{I}}}{\sqrt{2\pi(r-R_{\mathrm{r}}/2)}}, & r\geqslant R \end{cases} \tag{3.8}$$

式中,R 为裂纹前端最大正向塑性区宽度;R_{r} 为裂纹前端最大反向塑性区宽度。

2. 塑性区内应力的计算

在塑性区内,应力与应变不再一一对应,而与加载历史有关,通常选用等

效塑性应变作为内变量来反映塑性区内的应力－应变关系。由于裂纹尖端附近的复杂应力情况,屈服条件中的应力为等效应力,在 ABAQUS 中即 von Mises 应力。ABAQUS 中,随动硬化材料的弹塑性分析采用增量理论的 Ziegler 硬化模型,在单轴拉载荷加载情况下,线性随动硬化材料的应力－塑性应变关系可表示为

$$\sigma = \sigma_{ys} + E_p \varepsilon^p \tag{3.9}$$

式中,ε^p 为等效塑性应变;E_p 为塑性模量,$E_p = \mathrm{d}\sigma/\mathrm{d}\varepsilon^p$,即 $\sigma - \varepsilon^p$ 关系曲线的斜率。在卸载并且进入反向塑性屈服时,对于随动硬化的材料,虽然包辛格效应减小了反向屈服应力的数值大小,但屈服面的大小不变,即反向屈服应力之差仍为 $2\sigma_{ys}$。这相当于 $\sigma - \varepsilon$ 曲线的原点随硬化过程移动到新的位置,用背应力 α 表示,同时,选取累积等效塑性应变 $\int |\mathrm{d}\varepsilon^p|$ 为内变量以反映塑性变形历史的累积效应,在 ABAQUS 中即 PEEQ。这样,加载条件可表示为

$$f\left(\sigma, \int |\mathrm{d}\varepsilon^p|\right) = |\sigma - \alpha| - \sigma_{ys} = 0 \tag{3.10}$$

背应力 α 取决于塑性变形历史,可以通过单轴加载试验获得卸载时刻($t = 0.5$ s)的背应力 $\alpha_{t=0.5}$,表达式为

$$\alpha_{t=0.5} = E_p \int_0^{\varepsilon^p_{t=0.5}} \mathrm{d}\varepsilon^p \tag{3.11}$$

式中,$\varepsilon^p_{t=0.5}$ 为外载荷处于最大载荷时裂纹尖端的等效塑性应变。

进入反向屈服后,裂纹尖端附近将产生压缩塑性变形,等效塑性应变增量 $\mathrm{d}\varepsilon^p$ 小于零,此时背应力的表达式为

$$\alpha = \alpha_{t=0.5} - \mathrm{d}\alpha = \alpha_{t=0.5} - E_p \int_{\varepsilon^p_{t=0.5}}^{\int |\mathrm{d}\varepsilon^p|} \mathrm{d}\varepsilon^p \tag{3.12}$$

将此背应力代入式(3.10),即可求出此时裂纹尖端的等效塑性应力的理论值。

3. 裂纹尖端张开位移

因为在裂纹扩展问题中主要关心裂纹张开位移,即裂纹端部剖面轮廓,所以只需要沿外载荷方向(y 轴方向)的位移分量,在满足小范围屈服条件时,远离裂纹尖端的裂纹面张开位移是线性正比于所施加的应力 σ 和裂纹半长 a 的。Paris 给出的表达式为

$$\delta = \frac{4a\sigma}{E'} \tag{3.13}$$

式中,在平面应力情况下,$E'=E,E$ 为弹性模量。

在裂纹尖端附近,由于裂纹尖端存在的塑性屈服将影响裂纹的张开位移,式(3.13)已不适用。在小范围屈服条件下,可用线弹性断裂力学中的位移公式来计算,其表达式为

$$u_2 = \frac{2(1+\nu)K_\mathrm{I}}{4E}\sqrt{\frac{r}{4\pi}}\left[(2k+1)\sin\frac{\theta}{2}-\sin\frac{3\theta}{2}\right] \tag{3.14}$$

式中,ν 为泊松比;$k=\dfrac{3-\nu}{1+\nu}$。

当裂纹尖端出现较大范围的屈服时$(\sigma/\sigma_{\mathrm{ys}}>0.3)$,线弹性断裂力学已经不适用,裂纹尖端附近的裂纹张开位移用弹塑性 Dugdle－Muskhelishvili 模型(D－M 模型)来计算:

$$\delta = \frac{8\delta_{\mathrm{ys}}a}{\pi E}\ln\left(\sec\frac{\pi\sigma}{2\sigma_{\mathrm{ys}}}\right) \tag{3.15}$$

式中,δ_{ys} 为屈服应力对应的裂纹尖端附近的裂纹张开位移。

卸载阶段,与应力计算相似,采用叠加的方法,视卸载 $\Delta\sigma$ 为反向加载 $\Delta\sigma$,来计算位移。

3.2　静态裂纹有限元模型的建立

本节静态裂纹是指在一个疲劳载荷加载周期内,忽略裂纹的微小扩展,而选取一个固定的裂纹长度。建立静态裂纹有限元模型的目的是将其用于一定裂纹长度下,在一个加载周期内的不同加载时刻裂纹尖端参数的计算。

例如,含初始裂纹的薄板在一个拉－压循环加载周期内,当加载至最大拉伸载荷时,裂纹尖端应力场可采取如 3.1.2 节所述解析方法计算。但是,在卸载过程及反向加载至最大压载荷时,裂纹尖端应力场尚无解析方法求解。本节通过建立适合拉－压加载作用的含静态裂纹的拉压板试件的有限元模型,计算裂纹尖端的应力场和应变场的数值解;通过一定的分析方案获得压载荷作用对裂纹尖端参数的影响规律,指出疲劳裂纹扩展压载荷效应的内在力学机理。

3.2.1　问题的描述

在进行有限元分析之前,首先应对分析对象的形状、尺寸、工况条件、材料

类型、计算内容、应力和变形的大致规律等进行仔细分析。只有正确掌握分析对象的具体特征,才能建立合理的有限元模型。拉－压加载作用下的含裂纹的板材试件(图 3.2)的静态裂纹有限元模型建立,需要解决的主要问题是几何模型的建立,以及采取适当方法模拟裂纹在拉－压循环加载下的张开与闭合。

图 3.2　疲劳裂纹扩展速率试验

3.2.2　几何模型的建立

几何模型是对分析对象形状和尺寸的描述。它是根据对象的实际形状抽象出来的,但又不是完全照搬。即建立几何模型时,应根据对象的具体特征对形状和大小进行必要的简化、变化和处理,以适应有限元分析的特点。所以,几何模型的维数特征、形状和尺寸有可能与原结构完全相同,也可能与之存在一些差异。本书采用中心穿透裂纹板(Center Crack Panel,CCP)试件,试件尺寸如图 3.3 所示。

试验建立了 4 个不同长度裂纹的有限元模型,裂纹长度 $2a$ 分别为 4 mm、8 mm、16 mm、24 mm。由于试件具有对称性,模型采用原试件的 1/4 进行分析。

1. 边界条件

图 3.4 所示为有限元模型边界条件。计算中边界条件用两个约束和一个接触实现对全尺寸试件和裂纹面的模拟。

接触设置在裂纹的上下分界面处,并通过在分界面处引入一个刚体来实现裂纹的张开与闭合,如图 3.4 所示,但裂纹的上下表面不能够彼此穿越。边界条件对有限元分析的结果影响很大。对于本书中的情况,在 y 轴上,施加 x

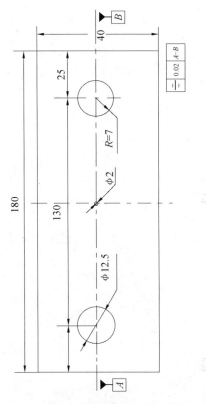

图 3.3   疲劳裂纹扩展速率试验试件(单位:mm)

对称约束(XSYMM),只保留 y 轴的直线运动自由度;在 x 轴上,施加 y 对称约束(YSYMM),只保留 x 轴的直线运动自由度。在二维刚体的参考点上,施加固定约束,防止在模拟裂纹面接触时,出现材料嵌入的情况。

2. 材料属性

试验所采用的材料为 LY12－M 高强铝合金,弹性模量 $E = 70\,000$ MPa,泊松比 $\nu = 0.3$,屈服极限 $\sigma_{0.2} = 120.24$ MPa。本书中将 LY12－M 高强铝合金视为理想弹塑性材料,所用的有限元分析方法参照 Rowe 等和 Pllinger 提出的塑性流动法则,即与 von Mises 屈服条件相关联的 Parandtl－Reuss 塑性流动法则,因此有

$$\mathrm{d}\varepsilon_{ij}^{\mathrm{P}} = \mathrm{d}\lambda s_{ij} \tag{3.16}$$

式中,$\mathrm{d}\lambda$ 为非负比例因子,表示塑性应变增量的大小;s_{ij} 为应力偏量。

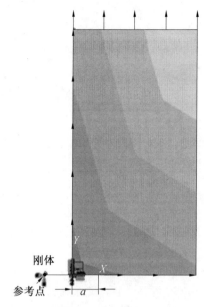

图 3.4　有限元模型边界条件(单位:mm)

$$d\lambda \begin{cases} =0, & J_2 < \dfrac{1}{3}\sigma_s^2 \text{ 或 } J_2 = \dfrac{1}{3}\sigma_s^2, dJ_2 < 0 \\ >0, & J_2 = \dfrac{1}{3}\sigma_s^2, dJ_2 = 0 \end{cases} \tag{3.17}$$

式中,σ_s 为材料的屈服应力。

J_2 为偏应力的第二不变量,可由主应力表示为

$$J_2 = \frac{1}{6}\left[(\sigma_1 - \sigma_2)^2 + (\sigma_2 - \sigma_3)^2 + (\sigma_3 - \sigma_1)^2\right] \tag{3.18}$$

根据式(3.17),对于 Ⅰ 型裂纹在平面应力状态下有 $J_2 = 1/3\sigma_{yy}^2$,则非负比例因子 $d\lambda$ 在本试验中为

$$d\lambda \begin{cases} =0, & \sigma_{yy} < \sigma_s \text{ 或 } \sigma_{yy} = \sigma_s, d\sigma_{yy} < 0 \\ >0, & \sigma_{yy} = \sigma_s, d\sigma_{yy} = 0 \end{cases} \tag{3.19}$$

式中,σ_{yy} 为裂纹尖端附近裂纹线法线方向的正应力。

在平面应力状态下,$\sigma_{ys} = \sigma_s$。

3. 网格划分

由于疲劳裂纹问题的复杂性,必须采用非线性弹塑性有限元分析才会获得较准确的结果。在有限元建模过程中,要考虑模型的几何非线性。同时,网格单元尺寸越小,节点数越多,计算精度越高,但随之计算量也会变得很大。

因此,在进行有限元计算时,必须考虑用较少的单元数量得到较为精确的结果。在分析中首先进行区域分割,在靠近裂纹尖端的区域布置更加密集的网络种子,而在远离裂纹尖端的区域布置相对稀疏的网络种子,以减少计算量。划分网格主要由网格参数决定。具体静态裂纹有限元模型区域划分如图 3.5 所示。在图 3.4 的基础上,进行区域划分,分为裂纹区与非裂纹区。图 3.4 中,坐标原点为原试件中心,即裂纹中心。由于有限元分析采用了原试件的 1/4 进行模拟,图 3.4 中坐标原点也为半裂纹的起点。为更加精确计算塑性区尺寸,要求裂纹区尺寸大于理论的塑性区尺寸,计算中,取长 5 mm、宽 3 mm 区域。

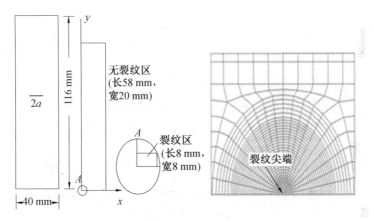

图 3.5　具体静态裂纹有限元模型区域划分

网格参数主要是单元的类型和尺寸大小。在二维平面分析问题中,本研究采用四边形单元进行计算,因为四边形单元精度要比三角形单元的高。ABAQUS/Standard 中适用于弹塑性接触分析的四边形平面应力单元有完全积分单元、减缩积分单元和线性非协调模式单元三类。

本书研究的是高强铝合金板,试件的几何结构比较规整,在设置网格密度时只需要考虑靠近裂纹尖端的范围要细化,而距离裂纹尖端较远的范围可以粗化。

4. 网格尺寸选择

通常,网格尺寸选择不能过粗也不能过细,过粗则计算精度下降,过细又会影响计算的经济性。因此,需要减少网格单元数,提高计算效率,但也要尽量减小对计算结果的影响。由于本书涉及的有限元建模主要针对裂纹尖端参数的计算,因此裂纹尖端区域细化程度需要重点考察,以确定与计算任务相应的网格密度。

同一裂纹长度、相同加载应力 $\sigma_{\max}$ 下,网格尺寸 Δx 不同时有限元计算的塑性区结果见表 3.1。其中,$\rho_{\max,I}$ 为 Irwin 塑性区大小,$\rho_{\max,FE}$ 为有限元计算塑性区大小。这里选择的网格尺寸分别为 0.002 mm、0.02 mm、0.1 mm,从表 3.1 中可以看到有限元计算结果与 Irwin 塑性区计算结果的相对误差随着网格尺寸的增大而增大。

表 3.1 同一裂纹长度、相同载荷、不同网格尺寸下的计算误差

a /mm	$\sigma_{\max}$ /MPa	Δx /mm	网格数量 /个	$\rho_{\max,I}$ /mm	$\Delta x / \rho_{\max,I}$	$\rho_{\max,FE}$ /mm	相对误差 /%
4	40	0.002	16 470	0.442 7	0.004 5	0.460 3	3.97
4	40	0.02	3 568	0.442 7	0.045 2	0.460 5	4.02
4	40	0.1	807	0.442 7	0.225 9	0.400 0	9.54

裂纹长度为 4 mm、网格尺寸不变、外加载荷变化时有限元计算的塑性区结果与 Irwin 塑性区的比较见表 3.2。从表 3.2 也可以看到,网格尺寸 Δx 相同时,有限元计算结果与 Irwin 塑性区计算结果的相对误差随着外加载荷的增大而减小。

表 3.2 同一裂纹长度、相同网格尺寸、不同载荷下的计算误差

a /mm	$\sigma_{\max}$ /MPa	Δx /mm	$\rho_{\max,I}$ /mm	$\Delta x / \rho_{\max,I}$	$\rho_{\max,FE}$ /mm	相对误差 /%
4	20	0.02	0.110 7	0.180 7	0.100 2	9.48
4	30	0.02	0.249 0	0.080 3	0.240 3	3.48
4	40	0.02	0.442 7	0.045 2	0.460 5	4.02

综合以上分析,可得到如下结论:对于相同的有限元模型和网格划分方法,网格尺寸的选择与加载条件密切相关,若保证最小单元尺寸 $\Delta x \leqslant 0.1\rho_{\max,I}$,则有限元计算相对误差可以控制在 5% 以内。因此,在本书研究中,虽然网格尺寸依据加载条件有所不同,但均能保证 $\Delta x \leqslant 0.1\rho_{\max,I}$。图 3.5 中静态裂纹有限元建模中裂纹尖端附近网格划分单元的最小尺寸为 0.01 mm。

3.3　动态扩展裂纹有限元模型的建立

3.3.1　问题的描述

含初始裂纹的薄板在变幅循环载荷下,由于存在过载问题,必须考虑过载后的裂纹尖端残余应力对后续裂纹扩展的贡献,并且要考虑裂纹长度变化对裂纹尖端残余应力场的影响,因此不能再使用静态裂纹有限元模型进行模拟,需要重新建立能够模拟裂纹长度动态扩展的有限元模型。本节采用节点释放的方法实现裂纹的动态扩展模拟。但是,在分析中对应每个加载循环周期的裂纹扩展长度,即裂纹扩展速率,并不要求与实际裂纹扩展速率一致,而应重点考察过载后裂纹长度变化对裂纹尖端参数的影响。

3.3.2　节点释放方法的原理

应用有限元模拟疲劳裂纹扩展以及闭合面临的最大难题是缺乏对疲劳裂纹扩展进程的充分认识。由于疲劳裂纹扩展的实际过程非常复杂,因此采用有限元方法来模拟疲劳裂纹扩展需要一些简化的假设,但目前还没有物理标准可以应用。

本节研究采用的节点释放方法是通过改变循环载荷的每个加载周期对应的边界条件来实现裂纹长度的动态变化。该方法中裂纹长度的变化在加载前人为确定,本质上其并不是对真实裂纹扩展的模拟。虽然简单地使用节点释放方法不能实现对真实裂纹扩展的模拟,但是该方法可以给出在循环加载、不同裂纹长度下,裂纹尖端的应力场、位移场、塑性区尺寸等裂纹尖端参数的变化。因此,当某一加载周期载荷幅值发生变化时,其对应的裂纹尖端参数也要发生变化,存在残余塑性变形,之后随着裂纹长度的变化,其对后续加载的裂纹尖端参数的影响也会体现出来。因此,该方法对于研究复杂载荷下疲劳裂纹扩展的机理具有重要作用。

3.3.3　几何模型建立

疲劳裂纹动态扩展有限元建模过程与静态疲劳裂纹模型类似,同样采用二维建模,取试件的 1/4 建模,采用相同的边界条件以及材料属性。不同的是在此模型中,根据计算的拉伸过载产生的塑性区尺寸的解析解确定释放网格的数量,并且要随细化区域的扩大,相应减小网格尺寸。仍然采用 CCP 试件,试件为宽度为 40 mm 的 LY12－M 高强铝合金试件,尺寸如图 3.3 所示。

建立具有不同释放速率的两阶段扩展的几何模型,侧重分析正向塑性屈服和反向塑性屈服两种情况,如图 3.6 所示。图 3.6 中,取与图 3.5 所示相同的试件尺寸,及相同的坐标原点及坐标系。但是,为了分析裂纹扩展过程中塑性区尺寸的变化,在图 3.6 中采用节点释放方法模拟裂纹扩展过程。图 3.6 中,A 区为裂纹扩展重点观察区域,取半径 8 mm 的 1/4 圆形区域,同时为了更加精确计算正向塑性区和反向塑性区尺寸,在 A 区内再次分割为 B、C 和 D 三个区域。其中,D 区布置 10 个可释放节点,节点间距为 0.02 mm,C 区布置 10 个可释放节点,节点间距为 0.2 mm。

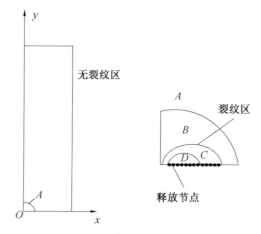

图 3.6　疲劳裂纹扩展速率试验试件几何模型

1. 网格划分

裂纹附近的网格密度直接影响计算结果,而计算时间也会随着网格加密而显著增加。因此,确定网格密度是建立疲劳裂纹动态扩展有限元模型的重要环节。过载后,裂纹尖端形成较大的塑性区,其为本书研究的重点考察区域,即图 3.6 中 A 区。裂纹扩展也主要发生在这个区域内,因此这个区域网格密度较大,需要尺寸较小的细化网格。同时,由于这个区域较大,从计算成本考虑,过细的网格将大大增加计算时间,甚至需要更高计算速度的计算机,这将大大增加计算成本。因此与静态裂纹有限元模型相比,需要增大网格尺寸,但始终保证 $\Delta x \leqslant 0.1\rho_{max}$。所以,为了保证 $\Delta x \leqslant 0.1\rho_{max}$,根据考察区域塑性区尺寸的估计值,采用不同释放速率两阶段扩展的有限元模型,即将 A 区

域划分为 B、C、D 三个区域。其中,B 区 5 mm 宽,网格尺寸 $\Delta x = 0.02 \sim 0.05$ mm,不扩展;C 区 2 mm 宽,网格尺寸 $\Delta x = 0.005 \sim 0.02$ mm,在 $3.2 \sim 4.6$ mm 范围内扩展;D 区 0.2 mm 宽,网格尺寸 $\Delta x = 0.001$ mm,在 $3.0 \sim 3.2$ mm 范围内扩展。

2. 节点释放方案

采用节点释放技术,在一次分析中通过改变 x 轴上节点的约束实现裂纹长度随加载循环的增长,从而实现裂纹穿越拉伸过载所产生塑性区的动态扩展。节点释放技术需要考虑选择的参数主要是释放时刻和释放速率。

(1)释放时刻的选择。

通常疲劳裂纹尖端节点可以在一个加载周期内任意时刻释放。Newman 在文章中提到的裂纹尖端应变标准被广泛应用于裂纹扩展分析,其指出,裂纹尖端节点在每个加载周期的最大应力加载处,或者在每个加载周期的最小应力加载处,或者在下一个循环周期的最大应力加载处释放。裂纹尖端节点还可以在最大应力加载水平即新的裂纹尖端节点力为零的时刻释放。McClung 和 Sehitoglu 分析对比了三种裂纹尖端节点释放方案,分别是最大应力加载处、最小应力加载处、最大应力加载后立即释放,结果表明三种节点释放方案的差别不大。因此,不同的节点释放方案的影响与有限元模型的选择相关。

为了讨论不同裂纹前端节点释放方案对有限元模型的影响,将有限元模型裂纹尖端节点分别在 10% 的最大加载应力处释放,25% 的最大加载应力处释放,50% 的最大加载应力处释放,100% 的最大加载应力处释放,考察不同释放时刻的选择对裂纹尖端参数计算结果的影响。在分析中,网格尺寸取为 0.001 mm。不同释放时刻对塑性区尺寸计算结果的影响见表 3.3。

表 3.3　不同释放时刻对塑性区尺寸计算结果的影响

a_0 /mm	a_e /mm	σ_{re} /MPa	σ_{max} /MPa	$\rho_{max,I}$ /mm	$\rho_{max,FE}$ /mm	相对误差 /%
5.0	5.1	4	40	0.564 4	0.560 607	0.67
5.0	5.1	10	40	0.564 4	0.572 815	1.49
5.0	5.1	20	40	0.564 4	0.570 615	2.42
5.0	5.1	40	40	0.564 4	0.550 615	2.44

由表 3.3 可见,从初始半裂纹长度 $a_0 = 5.0$ mm 扩展至 $a_e = 5.1$ mm,

σ_{re} 为释放点应力大小,虽然采用了 4 种节点释放时刻,但是最终塑性区尺寸的计算结果与 Irwin 塑性区尺寸理论值的偏差均不大,这表明释放时刻对计算结果影响较小。这与 McClung 和 Sehitoglu 的结论一致。因此,在本书有限元分析中,均采用 100% 的最大加载应力处节点释放的方案。

(2)释放速率的选择。

本书采用节点释放方法研究疲劳裂纹扩展的过载效应,通过有限元数值方法计算一系列等幅载荷中加入一个过载峰后裂纹尖端参数的变化,并着重考察各个参数随后续裂纹扩展的变化。通过分别加载等幅载荷和在此等幅载荷中加入单峰过载的变幅载荷,对比分析过载后裂纹尖端参数的变化,探究铝合金疲劳裂纹扩展的过载效应。而在分析过程中需要通过释放裂纹线上的节点改变裂纹长度,那么从同一起始裂纹长度到同一终止裂纹长度可以采取不同的每周释放长度——释放速率 $\dfrac{\Delta a_{re}}{\Delta N}$。而释放速率在分析中是与实际疲劳裂纹扩展速率 $\dfrac{\Delta a}{\Delta N}$ 不相等的,而且可能差距很大。那么,不同的释放速率是否对裂纹尖端参数存在影响,影响程度如何,以及结合本节研究如何选择释放速率是在进行正式分析前需要考虑的问题,表 3.4 即为不同释放速率对塑性区计算结果的影响。

按以下方案进行裂纹尖端塑性区尺寸的计算,考察不同释放速率 $\Delta a_{re}/\Delta N$ 对裂纹尖端塑性区尺寸的影响。在分析中,网格尺寸取为 0.001 mm。由表 3.4 可见,从初始半裂纹长度 $a_0 = 3.0$ mm 扩展至 $a_e = 3.2$ mm,虽然释放速率 $\Delta a_{re}/\Delta N$ 采用了 3 个不同的方案,但是最终塑性区尺寸的计算结果与 Irwin 塑性区尺寸理论值的偏差均较小,这表明释放速率对计算结果影响较小。因此,在本书有限元分析中,根据分析问题的不同采用了两种释放速率,D 区 0.02 mm/周和 C 区 0.2 mm/周。

表 3.4　不同释放速率对塑性区计算结果的影响

a_0 /mm	a_e /mm	$\dfrac{\Delta a_{re}}{\Delta N}$ /(mm·周$^{-1}$)	σ_{max} /MPa	半裂纹长度为 a_0 时 $\rho_{max,I}$ /mm	半裂纹长度为 a_e 时 $\rho_{max,FE}$ /mm	相对误差 /%
3.0	3.2	0.02	40	0.355 5	0.352 3	0.90
3.0	3.2	0.1	40	0.355 5	0.352 2	0.90
3.0	3.2	0.2	40	0.355 5	0.352 3	0.90

3.4　疲劳裂纹尖端参数压载荷效应的有限元分析

裂纹闭合理论认为,当由最大拉载荷卸载至零时,裂纹已经闭合,而此时继续卸载,即施加压载荷,裂纹尖端不会因应力集中而出现反向塑性区。而目前大量研究表明,当由最大拉载荷卸载至零时,裂纹并未完全闭合,裂纹尖端存在一个空洞,这就说明若施加压载荷,裂纹尖端会存在应力集中,即存在因压载荷作用反向塑性区尺寸进一步增加的现象。

3.4.1　分析方案

采用静态有限元模型,裂纹长度为 $2a=8$ mm,进行一个拉-压循环加载分析,加载历史如图 3.7 所示。

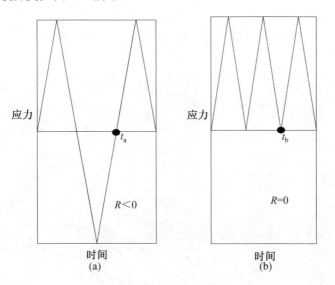

图 3.7　拉-压循环加载历史

具体加载方案及参数见表 3.5,σ_{maxcom} 为最大压载荷。图 3.7(a)所示应力比 $R<0$ 加载循环的 t_{a} 时刻与图 3.7(b)所示应力比 $R=0$ 加载循环的 t_{b} 时刻,外载荷均为零,并且由零开始进入相同的拉载荷加载,此时刻裂纹尖端应力场的差异是压载荷作用的结果。在疲劳裂纹扩展问题的研究中,普遍认为基于断裂力学的裂纹尖端附近应力场、位移场、塑性变形等是与疲劳裂纹扩展速率相关联的内在因素,其经典实例就是 Paris 公式。因此,为了讨论压载荷

对疲劳裂纹扩展的影响机理，下面对比分析图 3.7(a)、(b)所示的应力比 $R=0$ 与应力比 $R<0$ 情况下裂纹尖端参数的变化。

表 3.5　加载方案及参数

加载方案	$R=\sigma_{maxcom}/\sigma_{max}$	σ_{max}/MPa	σ_{maxcom}/MPa
方案 Ⅰ	0	33.33	0
方案 Ⅱ	-0.5	33.33	-16.67
方案 Ⅲ	-1	33.33	-33.33
方案 Ⅳ	-2	33.33	-66.67

3.4.2　有限元分析结果

1. 裂纹尖端应力场

图 3.8 所示为计算得到的米塞斯应力云纹图。可以看到，裂纹在拉应力作用下张开，从裂纹尖端到裂纹周围有很大的应力梯度，裂纹尖端产生应力集中。

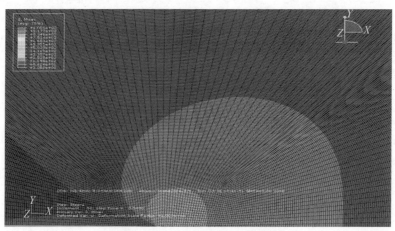

图 3.8　米塞斯应力云纹图

图 3.9 所示为裂纹长度 $2a$ 为 8 mm、从不同最大压载荷卸载至零时的裂纹尖端附近的应力场，即 σ_{yy} 的分布情况，图中 $r+$ 代表扩展方向上裂纹尖端前方考察点至裂纹尖端距离。

由图 3.9 显示的结果可以发现，对于最大压载荷为 0 MPa，即应力比 $R=0$ 的循环加载，当外载荷为零时，裂纹尖端处的应力值为负。而在拉－压循环

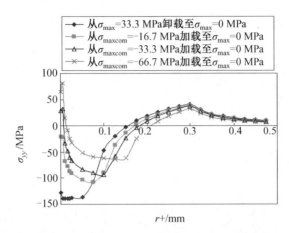

图 3.9　长度 8 mm 裂纹从不同 σ_{maxcom} 卸载到 0 时裂纹尖端附近的应力场

加载下，由最大压载荷卸载至零时，随着 σ_{maxcom} 的增加，裂纹尖端应力逐渐增加，当 σ_{maxcom} 足够大时，裂纹尖端应力变为正值。这表明在下一个应力循环中，与拉一拉循环加载相比，裂纹尖端提前进入拉应力状态。宋欣等指出，外载荷为零时，裂纹尖端应力不为零。Silva 也指出，应力比 $R<0$ 时张开应力强度因子 K_{op} 小于 $R=0$ 时的 K_{op}。同时由图 3.9 也可以看出，随着压载荷的增加，由最大压载荷卸载至 0 时，裂纹尖端应力曲线上 σ_{yy} 增加程度逐渐减小。

图 3.9 中 $R=0$ 与 $R<0$ 不同最大压载荷的加载循环下，裂纹尖端应力场的明显差异表明循环加载的压载荷部分对裂纹尖端附近局部应力场有显著影响，而且这一影响随最大压载荷 σ_{maxcom} 增大而增大，但是增加幅度逐渐减小。

2. 裂纹尖端张开位移

图 3.10 表示 $2a=8$ mm 裂纹加载至不同最大压载荷时，裂纹尖端附近的位移场，即裂纹端部剖面轮廓。图中 $r-$ 代表与扩展方向相反的裂纹尖端后方考察点至裂纹尖端的距离。u_{yy} 为上侧裂纹面各点在 y 方向的位移，其值为该位置裂纹上下面张开位移量的一半。

由图 3.10 可见，压载荷为 0 MPa，即拉载荷卸载为零时，裂纹依然张开，并且随着压载荷的增加，裂纹端部各点的张开位移量逐渐减小。张开的裂纹，在压载荷加载时，裂纹尖端存在应力集中，进而引起裂纹尖端附近的反向屈服。裂纹端部各点张开位移量由裂纹尖端的弹性变形和塑性变形共同提供，由于最大拉载荷卸载至零时，弹性变形部分已经为零，而残留了塑性变形使裂纹保持张开。而在压载荷加载时，裂纹端部各点张开位移量也由两部分组成，随着压载荷的增大，张开位移量逐渐减小，在加载至最大压载荷时，大部分的

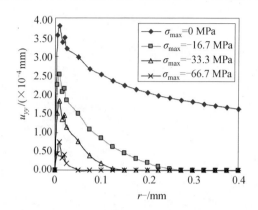

图 3.10　长度 8 mm 裂纹在不同压载荷下的裂纹尖端轮廓

裂纹已经闭合,但非常接近裂纹尖端处仍有小量张开位移,这表明拉载荷卸载至零时残余的塑性变形仍存在。Zhang 等对铝合金 2024－T351 的分析也指出在负应力比下,当拉载荷卸载为零时,裂纹仍然张开。

对裂纹尖端位移场进行分析,得到了与裂纹闭合理论和 ASTM E647—2013a 不同的结果,后两者认为在拉载荷卸载至零时裂纹完全闭合,而此时裂纹是否闭合决定压载荷加载时裂纹尖端是否存在应力集中和反向塑性屈服。Silva 也指出,对于一些材料存在负的张开应力强度因子,裂纹闭合概念不适合解释负应力比下疲劳裂纹扩展行为,材料的塑性属性和包辛格效应是负应力比下疲劳裂纹扩展的主导因素。

3. 裂纹尖端反向塑性区尺寸

在一个拉－压加载周期,当拉载荷减小到零以及压载荷加载阶段,由于裂纹并未完全闭合,裂纹尖端存在应力集中。压应力对裂纹尖端的挤压作用导致了裂纹尖端附近的反向屈服,形成反向塑性区。反向塑性区尺寸 $\rho_{r,\max}$ 与不同压载荷的关系曲线如图 3.11 所示。

由图 3.11 可以看出,随着压载荷的增加,反向塑性区尺寸持续增加,在考察的压载荷范围内呈线性关系。这表明,随着压载荷的增加,裂纹尖端持续受到塑性损伤。压载荷对裂纹尖端的损伤不可忽略,而这种损伤可导致抗疲劳裂纹扩展性能的下降。

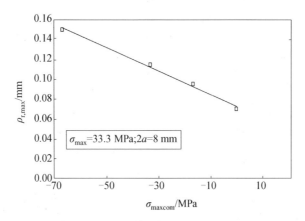

图 3.11　长度 8 mm 裂纹在不同压载荷下裂纹尖端反向塑性区尺寸

3.5　过载后疲劳裂纹尖端参数的有限元分析

3.5.1　分析方案

为了分析过载后疲劳裂纹的扩展规律,这里采用 3.3 节所建立的动态扩展裂纹有限元模型,进行不同过载比下的拉－拉与拉－压单峰过载前后裂纹尖端应力场、裂纹张开位移场、裂纹尖端塑性区的分析,载荷谱如图 3.12 所示。

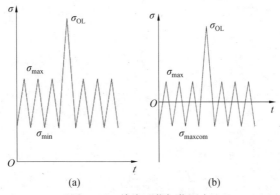

图 3.12　单峰过载加载历史

分析中,最大拉载荷保持为 $\sigma_{max}=40$ MPa,而拉－拉循环的应力比 $R=0$,拉－压循环的应力比 $R=-1$,过载比 R_{OL} 分别取为 1、1.5、1.8,裂纹扩展范围 $a=2.8\sim4.6$ mm。有限元模型采用了两种释放速率(0.2 mm/周和 0.02 mm/周)进行分析:扩展范围为 3.0～3.2 mm 时,释放速率为 0.02 mm/周;

扩展范围为 3.2～4.6 mm 时,释放速率为 0.2 mm/周。

3.5.2 有限元分析结果

1. 裂纹尖端应力场

为了分析过载比以及裂纹扩展长度对裂纹尖端应力场的影响,探寻过载效应的力学机理,考察过载后裂纹穿过过载峰所引起正塑性区和反向塑性区的过程,裂纹尖端附近裂纹线法线方向正应力 σ_{yy} 在拉载荷加载至最大和卸载至零两个时刻的变化。

(1)拉载荷加载至最大的时刻。

图 3.13 所示为过载前后在最大外载时裂纹尖端附近的应力场,即给出了应力比 $R=0$ 时在不同过载比下,裂纹从 $a=2.8$ mm 扩展至 $a=4.4$ mm 过程中,在 $a=3.02$ mm 处施加过载,即 $a_{OL}=3.02$ mm,当施加最大拉载荷时,扩展裂纹尖端附近裂纹线法线方向正应力 σ_{yy} 的变化。在图 3.13 中各图均以板中心 $a=0$ 作为坐标原点,给出了过载后裂纹穿过过载峰引起的正向塑性区过程中裂纹尖端的应力场 $\sigma_{yy}(r)$。

由图 3.13 可以看出,当施加过载峰后,裂纹尖端附近应力明显减小,屈服范围也明显减小,并且这一趋势随着过载比的增大明显增强。之后,随着裂纹的扩展,各过载比 $R_{OL}>1$ 应力场曲线逐渐恢复至与无过载 $R_{OL}=1$ 曲线重合,表明过载峰的影响逐渐消失,而过载比越大,其应力场曲线恢复至与无过载曲线重合时对应的裂纹长度越长,即过载峰影响范围越大。因此,过载引起裂纹尖端正向塑性区尺寸减小。根据式(3.5)及图 3.13 可知,过载后的有效循环应力 σ_{eff} 小于实际加载循环应力 σ,即

$$\sigma_{eff}=\sigma-\sigma_{comp} \tag{3.20}$$

式(3.20)表明,过载后存在一个等效的远场压应力 σ_{comp},使有效的最大循环应力 σ_{maxeff} 变小。同时,由图 3.13 的分析结果可见,过载比越大,σ_{comp} 越大,这表明等效的远场压应力 σ_{comp} 是由过载引起的。

过载引起的等效远场压应力可理解为过载后过载峰卸载,弹性区对裂纹尖端塑性区的残余压应力的等效值。这个结论正是 Willenborg 模型的理论基础,该模型指出疲劳裂纹扩展过载的迟滞效应是由于过载后裂纹尖端存在残余压应力,裂纹尖端有效的应力强度因子幅 ΔK_{eff} 下降,从而使疲劳裂纹扩展速率 da/dN 下降。以上分析所获得的结果与 Wheeler 模型和 Willenborg

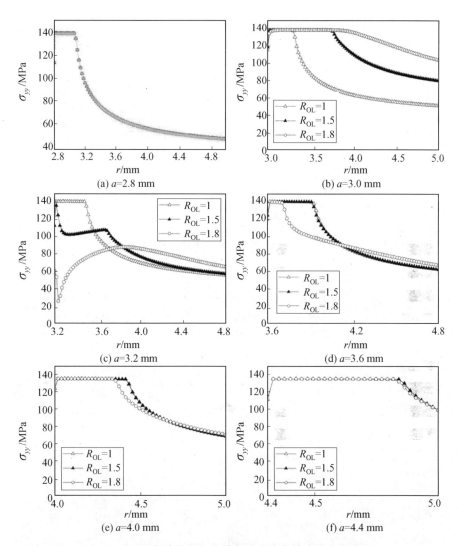

图 3.13　过载前后在最大外载时裂纹尖端附近的应力场

模型思想是一致的,即过载峰后疲劳裂纹扩展的迟滞是由裂纹尖端承受残余的压应力引起的,而残余压应力来自过载后裂纹尖端残余的正向塑性变形对外围塑性区卸载的阻碍作用。

（2）拉载荷卸载至零的时刻。

Wheeler 模型和 Willenborg 模型没有考虑有效载荷卸载时裂纹尖端的反向塑性损伤。下面,着重对比分析过载前后拉载荷卸载对裂纹尖端应力场的影响,这里采用较小的释放速率（0.02 mm/周）,以降低裂纹长度变化对裂纹尖端应力场的影响。

下面分析中,应力比 $R=0$,$a_{OL}=3.02$ mm。图 3.14 所示为过载后拉载荷卸载至零时裂纹尖端附近的应力场。由图 3.14(c)和(d)可见,过载后裂纹尖端附近处于反向屈服状态,并且屈服范围较过载前大幅增加,与过载峰卸载时反向屈服范围相近。并且,在新形成的裂纹尖端附近处于反向屈服状态。直到裂纹扩展出过载峰卸载形成的反向塑性区范围,如图 3.14(e)和(f)所示,

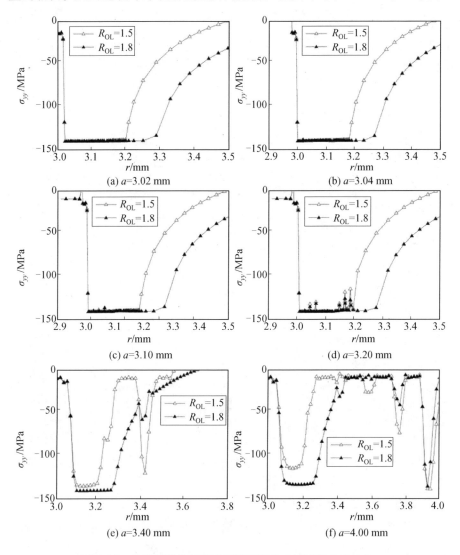

图 3.14　过载后拉载荷卸载至零时裂纹尖端附近的应力场

在新的裂纹尖端形成反向塑性屈服,这表明裂纹尖端重新出现应力集中。这是因为,过载峰卸载在裂纹尖端形成了较大的反向塑性区,而后续裂纹将在这个反向塑性区内扩展一段距离。在过载峰卸载后,在这个反向塑性区内,应力均为$-\sigma_{ys}$。在后续等幅加载时,此区域内应力为

$$\sigma_{yy} = \sigma_{yy}^{e} - \sigma_{ys} \tag{3.21}$$

式中,σ_{yy}^{e}为无过载情况下载荷σ对应的裂纹尖端附近的应力场;σ_{yy}为加载载荷σ时裂纹尖端附近实际应力场。

卸载时,过载峰引起的反向塑性区内的应力值恢复至$-\sigma_{ys}$。随着裂纹的扩展,裂纹尖端的残余压应力逐渐减小,有效的拉伸载荷$\sigma_{eff} = \sigma - \sigma_{comp}$逐渐增大,当拉伸载荷卸载后在当前裂纹尖端形成残余变形,则新的裂纹尖端出现反向屈服。

2. 裂纹尖端位移场

由前面拉载荷加载至最大时裂纹尖端应力场的分析,得到与 Wheeler 模型和 Willenborg 模型一致的结论。而反向卸载分析时,裂纹尖端应力场仍围绕过载时刻在裂纹尖端附近形成较大区域的反向塑性屈服。下面,仍就加载至最大载荷和卸载至零两个时刻,考察不同裂纹长度下裂纹尖端的位移场,分析裂纹张开和闭合情况在过载前后的变化。

(1)拉载荷加载至最大的时刻。

图 3.15 所示为过载比 R_{OL} 分别为 1、1.5、1.8 情况下,$a_{OL}=3.02$ mm,裂纹由 2.8 mm 扩展至 4.4 mm 的过程中,拉载荷加载至最大的时刻,法线方向的张开位移 u_{yy} 的变化。比较图 3.15(a)和(b)可见,随着过载比的增加,过载峰加载在裂纹尖端形成了更大的张开位移,这是由于裂纹尖端的变形与其加载应力相对应。但是,比较图 3.15(c)和(d)可见,过载峰后(过载比 $R_{OL}>1$)裂纹尖端附近的张开位移明显小于等幅情况(过载比 $R_{OL}=1$),这与应力场分析结果一致,表明过载后裂纹尖端存在残余压应力。

因此,过载后在新的裂纹尖端附近形成更小的张开位移,同时过载后在离新形成的裂纹尖端较远的区域各过载比下张开位移随过载比的增大而减小,这是过载峰形成的残余正向塑性变形受外围弹性区卸载所形成残余压应力的结果。从图 3.15 (e)和(f)中也可以看出,随着裂纹的逐渐扩展超出过载形成的正向塑性区,过载后裂纹尖端的张开位移曲线与等幅情况下裂纹尖端的张开位移曲线逐渐重合,表明残余压应力逐渐减小。

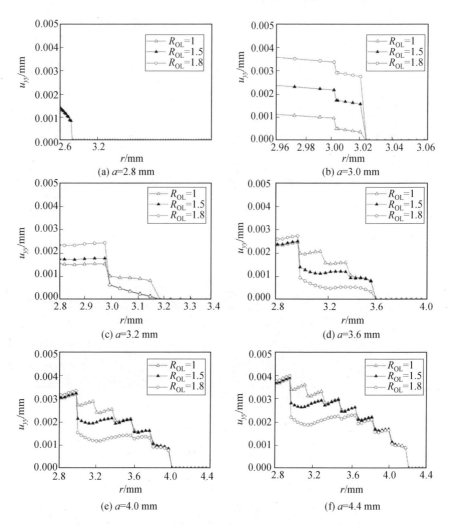

图 3.15　过载前后拉载荷加载至最大时裂纹尖端附近的位移场

（2）拉载荷卸载至零的时刻。

图 3.16 所示为过载比 R_{OL} 分别为 1.5、1.8 两种情况下，$a_{OL}=3.02$ mm，裂纹由 3.02 mm 扩展至 4.00 mm 过程中，法线方向的张开位移 u_{yy} 的变化。

由图 3.16(a)和(b)对比可见，不同过载下，过载峰卸载后，裂纹尖端张开位移不同，随着过载比的增加裂纹张开位移增大，这表明过载峰值越大卸载后残余正向塑性变形越大。而从图 3.16(c)和(d)中可以看出，虽然过载残余正向塑性变形不同，但过载后短距离扩展范围内，两个过载比的裂纹闭合情况均与过载时相同，即 $r>a_{OL}$ 处裂纹闭合。这表明，过载后新的裂纹尖端在当前拉伸载荷卸载后完全闭合，没有在此处形成残余塑性变形。这是因为过载后裂纹尖端形成较大的正向塑性变形，在裂纹尖端形成较大的残余压应力，在当前的拉伸载荷加载时，有效的加载载荷 $\sigma_{\text{eff}} = \sigma - \sigma_{\text{comp}}$ 较小，在新裂纹尖端形成较小的正向塑性变形，而卸载阶段裂纹尖端将承受当前载荷卸载和残余压应力共同作用。这与卸载应力场分析结论一致，由于新裂纹尖端闭合，因此在卸载时，裂纹尖端形貌等效于过载峰时刻，不同的是增加了有效载荷卸载产生的压应力。

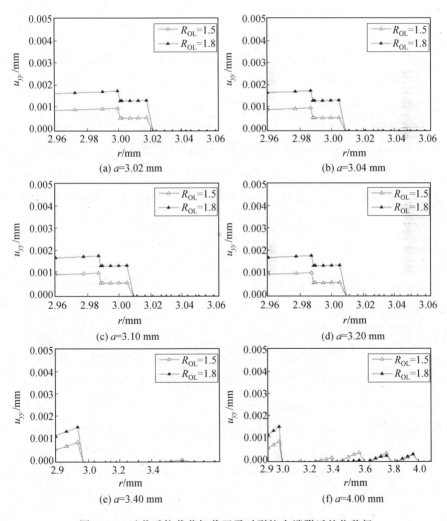

图 3.16　过载后拉载荷卸载至零时裂纹尖端附近的位移场

但是,由于有效载荷值与过载峰相比很小,比较图 3.16(c)和(d),裂纹卸载至零时,观察到裂纹张开形貌与过载峰卸载时刻基本相同。因此,在过载裂峰加载时刻与拉伸载荷卸载时,裂纹尖端附近作用有效裂纹长度仍同为 a_{OL}。

因此,在当前拉伸载荷卸载时,弹性区对正向塑性区压缩作用的边界与过载峰卸载时相同。在应力场分析中,比较图 3.14(c)和(d),可知过载后拉伸载荷卸载至零时刻的反向屈服情况和过载峰卸载至零时刻的相近。同时,从图 3.16(e)和(f)中可以看出,当裂纹扩展出过载峰卸载所形成的反向塑性区范围时,在当前的裂纹尖端附近,拉伸卸载重新在裂纹尖端形成了空洞,即在裂纹尖端重新出现应力集中。因此,在裂纹尖端重新出现了反向的塑性屈服,如应力场分析中图 3.14(e)和(f)所示。随着裂纹的扩展,裂纹尖端的残余压应力逐渐减小,有效的拉伸载荷 $\sigma_{eff} = \sigma - \sigma_{comp}$ 逐渐增大,拉伸载荷卸载后在当前裂纹尖端形成反向屈服。

3. 裂纹尖端的塑性区

以上对应于最大拉伸载荷加载时的应力场有限元分析,证实了 Willenborg 模型的残余应力理论,并且指出了疲劳裂纹扩展的过载迟滞效应的机理。然而,最近的一些文献报道,过载以后疲劳裂纹扩展并没有立即进入迟滞,甚至在负应力比下出现过载后不迟滞或者加速扩展的现象,这是 Willenborg 模型的残余应力理论无法解释的。为了分析这一现象的内在原因,进一步定量分析在不同过载比下单峰过载后,拉伸载荷卸载和压载荷加载使裂纹尖端进入反向屈服的情况下,裂纹尖端塑性区尺寸。

(1)拉-拉加载。

在 $R=0$ 的应力比下,仍在 $a=3.02$ mm 处施加过载峰,裂纹从 $a=2.8$ mm 扩展至 $a=4.6$ mm。计算扩展至不同裂纹长度,外载由最大值卸载至零时,过载后裂纹尖端的反向塑性区尺寸。将结果绘制成 $\rho_{afterOL} - a$ 曲线(图 3.17(a)、(b)),反映过载前后随裂纹扩展,裂纹尖端正向塑性区尺寸的变化规律;并绘制 $\rho_{r0} - a$ 曲线(图 3.17(c)、(d)),反映过载前后随着裂纹的扩展,裂纹尖端的反向屈服情况。

由图 3.17 可见,当过载峰卸载至零时,对应图中 $a=3.02$ mm,裂纹尖端产生了较大的反向屈服,这与 Irwin 理论是一致的。Irwin 理论指出从最大拉载荷卸载至零时,裂纹尖端的反向塑性区尺寸是其最大正向塑性区尺寸的 1/4。因此,过载峰卸载至零时,也会形成与过载峰值相应的反向塑性区尺寸,

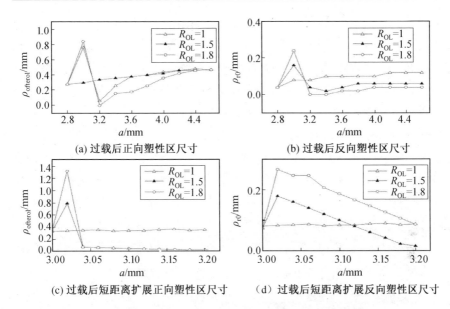

(a) 过载后正向塑性区尺寸　　　　　(b) 过载后反向塑性区尺寸

(c) 过载后短距离扩展正向塑性区尺寸　　(d) 过载后短距离扩展反向塑性区尺寸

图 3.17　拉－拉加载下过载后裂纹扩展过程正向与反向塑性区尺寸

这个值必然也较大。由图 3.17（a）和（c）可见，在过载峰形成的残余压应力的作用下，裂纹尖端的正向塑性区小于等幅加载情况（$R_{OL}＝1$）。

同时，由图 3.17（b）和（d）也可以看出，过载峰后，裂纹尖端的反向塑性区尺寸并不像图 3.17（a）和（c）中的正向塑性区尺寸那样立即减小，而是在一定的裂纹扩展范围内经历了一个逐渐下降的过程，这与等幅加载情况不同。在等幅加载下，由 Irwin 理论可知，正向塑性区尺寸与反向塑性区尺寸成正比。

这一结果说明，拉载荷过载后的小范围扩展区域，疲劳裂纹尖端出现了与正向塑性区尺寸不相应的相对较大的反向塑性屈服。与应力幅 $\Delta\sigma＝\Delta\sigma_{eff}$ 的等幅扩展相比，过载后在有效应力幅 $\Delta\sigma_{eff}$ 作用下，在一定扩展范围内疲劳裂纹尖端存在更大的反向塑性损伤。因此，虽然过载后裂纹尖端的残余压应力使有效应力强度因子减小、疲劳裂纹扩展速率降低，但是裂纹尖端的多余塑性损伤又对疲劳裂纹扩展产生促进作用。一定范围内，二者的耦合作用使得裂纹扩展并未立即进入迟滞，直到裂纹扩展穿过了这个多余的塑性损伤区域，才进入迟滞区域。以上分析表明，过载峰卸载使裂纹尖端产生的多余反向塑性损伤是造成过载后延迟迟滞的原因。

（2）拉－压加载。

3.4 节中有限元分析结果指出在拉－压循环加载下，压载荷部分对裂纹尖端产生了塑性损伤,即裂纹尖端进入了更大范围的反向塑性屈服。下面,分析在拉—压加载下,单峰过载后裂纹尖端的反向屈服情况。图 3.18 给出了在应力比 $R = -1$ 和 $R = 0$ 的循环载荷中加入过载峰后裂纹尖端反向塑性区尺寸随着裂纹扩展变化的情况。分析中,两条曲线均取 $\sigma_{max} = 40$ MPa, $R_{OL} = 1.5$, $a_{OL} = 3.0$ mm,裂纹从 $a = 2.8$ mm 扩展至 $a = 3.6$ mm。由图 3.18(a) 和 (b) 比较可知,在拉—压循环加载下,过载峰后,裂纹尖端的反向塑性区尺寸也未立即减小,在一定的裂纹扩展范围内经历了一个逐渐下降的过程。这表明,在拉—压循环加载下,过载峰卸载也使得裂纹尖端产生多余塑性损伤。并且,对比图 3.18 中应力比 $R = 0$ 和 $R = -1$ 的两条曲线,二者虽然最大拉载荷、过载比、施加过载峰裂纹长度均相同,但在裂纹长度相同时,明显可以看出, $R = -1$ 情况的塑性区尺寸大于 $R = 0$ 情况的塑性区尺寸。这表明,在负应力比下过载后,压载荷部分增加了裂纹尖端的反向塑性损伤。

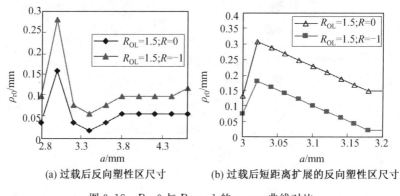

(a) 过载后反向塑性区尺寸　　(b) 过载后短距离扩展的反向塑性区尺寸

图 3.18　$R = 0$ 与 $R = -1$ 的 $\rho_{r0} - a$ 曲线对比

因此,在试验中观测到负应力比过载后疲劳裂纹扩展不迟滞,甚至加速扩展的现象。拉—压加载下裂纹尖端的反向屈服分析表明,由于过载峰卸载和施加足够压载荷会使裂纹尖端产生较大的多余塑性损伤,当塑性损伤区尺寸可以和过载造成的迟滞区尺寸相比拟时,过载后就不会发生迟滞。与过载前相比,由于存在过载峰卸载产生反向塑性损伤,甚至会出现加速扩展现象。

3.6　本 章 小 结

(1)建立了静态裂纹有限元模型,讨论了网格尺寸对有限元计算结果的影响,指出利用弹塑性有限元方法计算裂纹尖端参数的最大网格尺寸为塑性区尺寸的 1/10 以下,即 $\Delta x \leqslant 0.1\rho_{max}$。

(2)运用节点释放方法,建立了扩展裂纹有限元模型,讨论了节点释放时刻和释放速率对有限元计算结果的影响,指出节点释放时刻和释放速率的变化对塑性区尺寸计算结果影响很小。

(3)通过拉-压加载循环下铝合金疲劳裂纹扩展的有限元分析,指出在拉-压加载循环下压载荷对铝合金疲劳裂纹扩展具有促进作用的机理:在拉-压循环加载下压载荷加载阶段裂纹未完全闭合,与拉-拉循环加载相比,裂纹尖端存在更大的反向塑性区,疲劳裂纹扩展的压载荷效应是裂纹尖端多余塑性损伤的结果。

(4)通过过载前后铝合金疲劳裂纹扩展的有限元比较分析,指出铝合金疲劳裂纹扩展过载效应的机理:过载后铝合金疲劳裂纹扩展首先经历了一个过载峰形成的多余反向塑性损伤区,而后穿越过载峰形成的正向塑性区。过载峰形成的正向塑性区阻碍外围弹性区卸载,在裂纹尖端形成残余压应力,形成了过载后疲劳裂纹扩展的迟滞。而多余的塑性损伤加速了裂纹扩展,因而在拉-拉加载下过载后,可以形成延迟迟滞的现象;而在拉-压加载下,形成了更大的反向塑性区,因而可以形成无迟滞,甚至加速扩展的现象。

第4章 反向塑性损伤与拉－压疲劳裂纹扩展模型

本章通过改变拉－压加载的最大压载荷 σ_{maxcom}，揭示最大压载荷变化对疲劳裂纹扩展速率的影响；利用弹塑性有限元方法分析拉－压加载循环下裂纹尖端参数随 σ_{maxcom} 变化的规律，指出疲劳裂纹扩展压载荷效应的内在原因，给出铝合金材料在拉－压加载循环下的疲劳裂纹扩展速率预测模型。

4.1 反向塑性损伤表征

近年疲劳裂纹扩展分析的研究表明当载荷为零时裂纹并不一定闭合，甚至当压载荷存在时裂纹依然张开，裂纹尖端形成了一个空洞，即裂纹尖端会存在应力集中，并且证实了拉伸载荷卸载至零后继续施加压载荷，裂纹尖端的反向塑性区尺寸进一步增加。但是，目前的国内外解析方法还没有给出计算因压载荷作用而产生的反向塑性区尺寸的方法。下面将应用弹塑性有限元分析方法，探讨拉－压循环加载下，反向塑性损伤定量的表征方法，即裂纹尖端反向塑性区尺寸随施加载荷与裂纹长度变化的规律，并建立计算拉－压循环加载下最大反向塑性区尺寸的数学模型。

为了分析在不同的加载条件下，即施加最大拉载荷 σ_{max}、不同半裂纹长度 a、最大应力强度因子 K_{max} 以及最大压载荷 σ_{maxcom} 情况下，最大压载荷变化对裂纹尖端最大反向塑性区尺寸 $\rho_{r,max}$ 的影响规律，采用的加载方案及参数见表4.1。分别采用最大拉载荷固定而裂纹长度变化、最大拉载荷变化而裂纹长度固定、最大拉载荷与裂纹长度均变化而保证最大应力强度因子不变等三种加载情况，考察最大压载荷 σ_{maxcom} 变化对裂纹尖端最大反向塑性区尺寸 $\rho_{r,max}$ 的影响规律。

表 4.1　加载方案及参数

加载方案	加载参数	
	最大拉载荷	裂纹长度
1	固定不变	变化
2	变化	固定不变
3	变化	变化

图 4.1 所示为单一条件不变时,最大压载荷 σ_{maxcom} 与压载荷卸载的反向塑性区尺寸 $\rho_{r,max}$ 的关系曲线。

图 4.1(a)所示为最大拉载荷 σ_{max} 不变,固定为 33.3 MPa,而半裂纹长度 a 分别取 2 mm、4 mm、6 mm、8 mm 情况下,最大反向塑性区尺寸随最大压载荷的变化关系。由图 4.1(a)可见,在不同裂纹长度下,最大反向塑性区尺寸均随着最大压载荷的增加而增加,二者存在明显的线性关系,并且随着裂纹长度的增加,各条直线斜率绝对值逐渐增加。

图 4.1(b)所示为半裂纹长度不变,固定为 4 mm,而最大拉载荷 σ_{max} 分别取 16.7 MPa、33.3 MPa、50.0 MPa、66.7 MPa 情况下,最大反向塑性区尺寸与最大压载荷的变化关系。由图 4.1(b)可见,在不同最大拉载荷下,最大反向塑性区尺寸仍都随着最大压载荷的增加而增加,二者存在明显的线性关系,并且随着最大拉载荷的增加,各条直线斜率绝对值逐渐增加。

综合分析图 4.1(a)和(b)可见,虽然单一加载条件发生变化,但是最大反向塑性区尺寸均与最大压载荷存在明显的线性关系,此线性关系可表达为

$$\rho_{r,max} = -A\sigma_{maxcom} + \rho_{r0} \tag{4.1}$$

式中,ρ_{r0} 为拉载荷卸载到零时裂纹尖端反向塑性区尺寸。

但是,由图 4.1(a)和(b)也可以看出,单独改变某一加载条件,$\rho_{r,max}$ — σ_{maxcom} 线性关系方程斜率 A 也随之变化。因此,斜率 A 应为最大拉载荷和半裂纹长度两个加载参数的函数,而裂纹扩展的关键参数最大应力强度因子 K_{max} 也为最大拉载荷和半裂纹长度两个加载参数的函数。因此为了考察最大应力强度因子的变化对最大反向塑性区尺寸的影响,图 4.1(c)给出了最大应力强度因子一定,$K_{max} = 5.284$ MPa·$m^{0.5}$,而最大拉载荷与半裂纹长度均变化的条件下,最大反向塑性区尺寸与最大压载荷的变化关系。

由图 4.1(c)可以看出,虽然四个加载条件不同,但是 4 条 $\rho_{r,max}$ — σ_{maxcom} 曲线几乎完全重合。

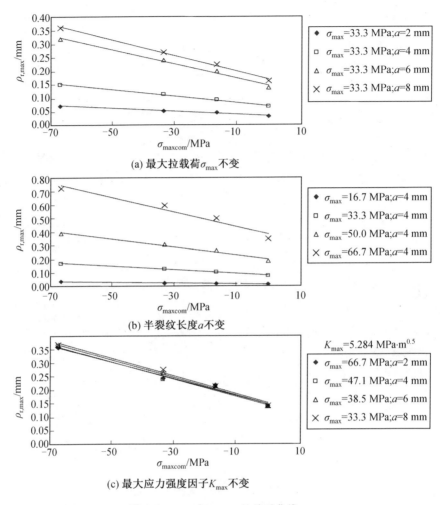

(a) 最大拉载荷σ_{max}不变

(b) 半裂纹长度a不变

(c) 最大应力强度因子K_{max}不变

图 4.1　$\rho_{r,max}$ 与 σ_{maxcom} 的关系曲线

图 4.1 表明最大反向塑性区尺寸是由最大拉载荷、半裂纹长度、最大压载荷三个加载参数共同决定的,但是其 $\rho_{r,max}-\sigma_{maxcom}$ 线性关系方程斜率 A 由最大应力强度因子唯一决定。

同时,由图 4.1(a)和(b)也可以看出,当 ρ_{r0} 发生变化时,$\rho_{r,max}-\sigma_{maxcom}$ 线性关系方程斜率 A 也随之变化,并且具有随着 ρ_{r0} 增加而增加的趋势。因此,这里引入假设:斜率 A 为 ρ_{r0} 的正比例函数,即

$$A=\gamma\rho_{r0} \tag{4.2}$$

那么,由最小二乘法拟合,可以根据表 4.2 数据求得线性方程式(4.1)中

的参数 A 在不同加载条件下的对应数值,因此,$\gamma = \dfrac{A}{\rho_{r0}}$。在不同加载条件下,

参数 A 和 γ 的拟合计算结果见表 4.3。

表 4.2　最大反向塑性区尺寸有限元分析方案

方案	加载条件			
	最大拉载荷 σ_{max}/MPa	半裂纹长度 a/mm	最大应力强度因子 $K_{max}/(MPa \cdot m^{0.5})$	最大压载荷 σ_{maxcom}/MPa
I	33.3	2	2.642	$-66.7 \sim 0$
	33.3	4	3.748	$-66.7 \sim 0$
	33.3	6	4.201	$-66.7 \sim 0$
	33.3	8	5.284	$-66.7 \sim 0$
II	16.7	4	1.880	$-66.7 \sim 0$
	33.3	4	3.748	$-66.7 \sim 0$
	50.0	4	5.628	$-66.7 \sim 0$
	66.7	4	7.508	$-66.7 \sim 0$
III	66.7	2	5.284	$-66.7 \sim 0$
	47.1	4	5.284	$-66.7 \sim 0$
	38.5	6	5.284	$-66.7 \sim 0$
	33.3	8	5.284	$-66.7 \sim 0$

由表 4.3 可见,当加载条件发生变化时,斜率 A 随着 ρ_{r0} 增加而增加,而假设的 A 与 ρ_{r0} 的正比例因子参数 γ 在加载参数变化范围内,其值变化较小。这里用离散系数反映不同加载条件下 γ 值的分散程度,离散系数是指样本标准差与均值之比,即

$$离散系数 = \sqrt{(\gamma_i - \bar{\gamma})^2} / \bar{\gamma} \tag{4.3}$$

由表 4.3 可见,不同加载条件下参数 γ 的离散系数仅为 4.9%,因此,可以认为参数 γ 与各加载参数的变化无关,为材料常数,单位为 MPa^{-1},对于本书研究的 LY12—M 铝合金,可取 $\gamma = 1.61 \times 10^{-2} MPa^{-1}$。

在小范围屈服条件下,拉载荷卸载至零时的反向塑性区尺寸为

$$\rho_{r0} = \frac{K_{max}^2}{4\pi \sigma_{ys}^2} \tag{4.4}$$

因此有最大反向塑性区尺寸 $\rho_{r,\max}$ 与加载参数 $\sigma_{\max com}$ 和 $K_{\max}$ 的关系：

$$\rho_{r,\max} = (1 - \gamma\sigma_{\max com}) \frac{K_{\max}^2}{4\pi\sigma_{ys}^2} \qquad (4.5)$$

即当 $\sigma_{\max com}$ 和 $K_{\max}$ 两个参数确定时，则 $\rho_{r,\max}$ 确定。

通过对上述有限元结果分析发现：在最大拉载荷一定、最大压载荷不同的条件下，对不同长度裂纹分析，在一个拉—压加载周期内，循环加载的压载荷部分对裂纹尖端附近局部应力场有显著影响，而且这一影响随最大压载荷 $\sigma_{\max com}$ 的增大而增大，但是增加幅度逐渐减小。裂纹尖端各点张开的位移量随压载荷的增大而减小，裂纹尖端反向塑性区尺寸随压载荷的增加而增加，循环加载中的压载荷对裂纹尖端塑性变形有影响，最大压载荷越大，压载荷对疲劳裂纹尖端参数的影响越明显。

表 4.3　不同加载条件下参数 γ 的离散系数

加载条件				斜率参数 A	参数 γ
$\sigma_{\max}$ /MPa	a/mm	$K_{\max}$ /(MPa·m$^{0.5}$)	ρ_{r0} /mm	/(mm·MPa^{-1})	/($\times 10^{-2}$ MPa^{-1})
33.3	2		0.035 5	0.000 6	1.69
33.3	4	2.642	0.072 9	0.001 2	1.65
33.3	6	3.748	0.086 5	0.001 3	1.50
33.3	8	4.201	0.170 8	0.002 9	1.70
16.7	4	5.284	0.016 5	0.000 3	1.80
50	4	1.880	0.160 0	0.002 5	1.56
66.7	4	3.748	0.306 4	0.004 7	1.65
38.5	5	5.628	0.147 8	0.002 6	1.56
47.1	4	7.508	0.147 8	0.002 3	1.66
66.7	2	5.284	0.155 7	0.002 5	1.67
平均值					1.61
离散系数/%					4.9

因此，在拉—压循环加载条件下，裂纹尖端参数主要由两个加载参数来决定，即应力循环中拉应力部分中的最大应力强度因子 $K_{\max}$ 和应力循环中压应力部分中的最大压载荷 $\sigma_{\max com}$。

针对拉—压循环加载下疲劳裂纹扩展问题,利用增量塑性损伤理论,对疲劳裂纹扩展的压载荷效应做定量分析,首先给出增量塑性损伤理论的基本假设,以便为建立拉—压循环加载下疲劳裂纹扩展速率预测模型做准备。

4.2　拉—压疲劳裂纹扩展速率预测模型的建立

将本书有限元分析结果式(4.5)代入式(2.13)则可得到

$$\mathrm{d}a = B\left[(1 - \gamma \sigma_{\mathrm{maxcom}})\frac{K_{\mathrm{max}}^2}{4\pi\sigma_{\mathrm{ys}}^2}\right]^\beta \rho^\alpha \mathrm{d}\rho \tag{4.6}$$

因此,可以得到拉压载荷下疲劳裂纹在一个循环周期内的扩展量为

$$\frac{\mathrm{d}a}{\mathrm{d}N} = \int_0^{\rho_{\mathrm{max}}} B\left[(1 - \gamma \sigma_{\mathrm{maxcom}})\frac{K_{\mathrm{max}}^2}{4\pi\sigma_{\mathrm{ys}}^2}\right]^\beta \rho^\alpha \mathrm{d}\rho \tag{4.7}$$

$$\frac{\mathrm{d}a}{\mathrm{d}N} = B\left[(1 - \gamma \sigma_{\mathrm{maxcom}})\frac{K_{\mathrm{max}}^2}{4\pi\sigma_{\mathrm{ys}}^2}\right]^\beta \frac{\rho_{\mathrm{max}}^{\alpha+1}}{\alpha+1} \tag{4.8}$$

式中,ρ_{max} 为与最大加载拉应力相对应的塑性区尺寸,在小范围屈服条件下可表达为

$$\rho_{\mathrm{max}} = \frac{1}{\pi}\left(\frac{K_{\mathrm{max}}}{\sigma_{\mathrm{ys}}^2}\right) \tag{4.9}$$

由式(4.7)和式(4.8)可以得到

$$\frac{\mathrm{d}a}{\mathrm{d}N} = \frac{1}{4^\beta}\frac{B}{\alpha+1}\left(\frac{1}{\pi\sigma_{\mathrm{ys}}^2}\right)^{\alpha+\beta+1}(1 - \gamma\sigma_{\mathrm{maxcom}})^\beta K_{\mathrm{max}}^{2(\alpha+\beta+1)} \tag{4.10}$$

当 $\sigma_{\mathrm{maxcom}} = 0$ 时,式(4.9)应与 Paris 公式具有相同形式,则

$$C = \frac{1}{4^\beta}\frac{B}{\alpha+1}\left(\frac{1}{\pi\sigma_{\mathrm{ys}}^2}\right)^{\alpha+\beta+1} \tag{4.11}$$

$$m = 2(\alpha+\beta+1) \tag{4.12}$$

因此,可以推导出拉—压循环加载下,疲劳裂纹扩展速率为

$$\frac{\mathrm{d}a}{\mathrm{d}N} = C(1 - \gamma\sigma_{\mathrm{maxcom}})^\beta(K_{\mathrm{max}})^m \tag{4.13}$$

式(4.13)为拉—压加载条件下疲劳裂纹扩展的预测模型,即含双参数的 $\sigma_{\mathrm{maxcom}} - \dfrac{\mathrm{d}a}{\mathrm{d}N} - K_{\mathrm{max}}$ 模型。此模型是基于增量塑性损伤理论推导的,因此将其称为疲劳裂纹扩展的拉—压增量塑性损伤模型。

4.3　模型参数拟合方法

在疲劳分析中,需要利用各种试验获得的疲劳性能数据。由于疲劳试验数据常常有很大的分散性,因此,只有用统计分析的方法处理这些数据才能够对材料或构件的疲劳性能有比较清楚的了解。一般用于描述疲劳寿命的统计分析采用三种方法,分别为正态分布、威布尔分布以及二元线性回归分析。正态分布、威布尔分布分析都依赖人为判断数据点是否为线性分布,不能定量地回答两个问题:一是如何用一条直线拟合一组数据点;二是如何判断这些数据点是否可以用拟合给出的直线描述。而通过二元线性回归分析就可以描述随机变量间相关关系的近似定量表达式;考察随机变量间相关关系的密切程度,检验回归方程的可用性;利用回归方程进行随机变量取值的预测和统计推断。

4.3.1　最小二乘法线性拟合的拓展

本书推导的拉－压疲劳裂纹扩展速率预测模型为3个变量 $\sigma_{maxcom} - \dfrac{da}{dN} - K_{max}$ 的关系方程,需要拟合的参数也有3个,即 C、m、β。然而,用最小二乘法线性拟合仅适用于2个变量、2个拟合参数的线性方程 $y = b + ax$,而对本书推导的 $\sigma_{maxcom} - \dfrac{da}{dN} - K_{max}$ 的关系方程不适用。因此,必须结合本模型特点,建立模型参数 C、m、β 的拟合方法。

对本模型参数的拟合需要具有应力比 $R \leqslant 0$ 的试验数据,而且必须协调各应力比下的试验数据,并要对与最大压载荷相关的参数 $\sigma_{max} > \sigma_0$ 进行拟合。按最小二乘法思想,以及本模型特点,同时对多组试验数据进行线性拟合,不同拟合方程具有相同的斜率 a,不同的截距 b。此外,拟合参数应考虑全体样本数据与预测值的偏差。

因此,按最小二乘法基本原则,可将方差公式拓展为

$$Q = \sum_{p=1}^{t} \sum_{i=1}^{n_p} (y_{p,i} - b_p - ax_{pi})^2 \qquad (4.14)$$

式中,p 为不同试验组;Q 为不同试验组测量值与预测值方差的总和。

依据最小二乘法原则,可合理假设:最优拟合应使其参数满足 Q 最小。即

$$\frac{\partial Q}{\partial a} = \sum_{p=1}^{t} \frac{\partial \sum_{i=1}^{n_p} (y_{p,i} - b_p - ax_{pi})^2}{\partial a} = \sum_{p=1}^{t} \sum_{i=1}^{n_p} 2(y_{p,i} - b_p - ax_{pi})(-x_{pi}) = 0$$

$$(4.15)$$

$$\frac{\partial Q}{\partial b_p} = \frac{\partial \sum_{p=1}^{t} \sum_{i=1}^{n_p} (y_{p,i} - b_p - ax_{pi})^2}{\partial b_p} = \frac{\partial \sum_{i=1}^{n_p} (y_{p,i} - b_p - ax_{pi})^2}{\partial b_p} = 0$$

$$(4.16)$$

因此

$$b_p = \bar{y}_p - a\bar{x}_p, \quad p = 1,2,3,\cdots,t$$

$$a = \frac{\sum_{p=1}^{t} n_p (\overline{x_p y_p} - \bar{x}_p \ \bar{y}_p)}{\sum_{p=1}^{t} n_p (\overline{x_p^2} - \bar{x}_p^2)}$$

$$(4.17)$$

式中，n_p 为第 p 组试验数据样本大小。

4.3.2　模型参数拟合

预测在 $R < 0$ 下的铝合金疲劳裂纹扩展速率，首先需要对其进行 $R = 0$ 及 $R < 0$ 的疲劳裂纹扩展试验，获得各个应力比 R_j 下的半裂纹长度 $\{a_j\}$、循环次数 $\{N_j\}$ 的数据。

对试验数据进行处理，首先构造各应力比下的 $\left[\left(\frac{\mathrm{d}a}{\mathrm{d}N}\right)_{p,i}, (K_{\max})_{p,i}\right]$ 数据对，其中 p 代表不同应力比下的各组试验序号。

1. 构造 $\left[\left(\frac{\mathrm{d}a}{\mathrm{d}N}\right)_{p,i}, (K_{\max})_{p,i}\right]$ 数据对

对于某一应力比 R 的疲劳裂纹扩展试验中获得的半裂纹长度 $\{a_j\}$、循环次数 $\{N_j\}$ 数据，采用两点法（割线法）计算 $\left(\frac{\mathrm{d}a}{\mathrm{d}N}\right)_{p,i}$，计算方法如下：

$$\left(\frac{\mathrm{d}a}{\mathrm{d}N}\right)_{p,i} = \frac{a_{j+1} - a_j}{N_{j+1} - N_j}, \quad j = i = 1,2,\cdots$$

$$(4.18)$$

并用下式求得最大应力强度因子幅 ΔK_j：

$$a_i = \frac{a_{j+1} + a_j}{2}, \quad j = i = 1,2,\cdots$$

$$(4.19)$$

$$K_{\max,i} = \frac{P_{\max}}{B}\sqrt{\frac{\pi\alpha_i}{2W}\sec\frac{\pi\alpha_i}{2}}, \quad \alpha_i = \frac{2a_i}{W} \tag{4.20}$$

式中，$P_{\max}$ 为施加的最大应力；W 为试件宽度。

利用以上计算公式得到数据对 $\left[\left(\dfrac{\mathrm{d}a}{\mathrm{d}N}\right)_{p,i}, (K_{\max})_{p,i}\right]$。假设 $R=0$ 和 $R<0$ 应力比的疲劳裂纹扩展速率均满足式(4.13)，首先将本模型化为 Paris 公式：

$$\frac{\mathrm{d}a}{\mathrm{d}N} = C'(K_{\max})^m \tag{4.21}$$

其中，$C' = C(1-\gamma\sigma_{\mathrm{maxcom}})^\beta$，对式(4.21)两边同时取以 10 为底对数，则

$$\lg\frac{\mathrm{d}a}{\mathrm{d}N} = \lg C' + m\lg K_{\max} \tag{4.22}$$

将 $\lg\dfrac{\mathrm{d}a}{\mathrm{d}N}$、$\lg K_{\max}$ 作为变量，$\lg C'$ 作为待拟合参数，则式(4.22)化为 $R_c < 0$ 型直线方程，可对其参数 m、$\lg C'$ 应用最小二乘法进行线性拟合。

2. 将试验数据对 $\left[\left(\dfrac{\mathrm{d}a}{\mathrm{d}N}\right)_{p,i}, (K_{\max})_{p,i}\right]$ 取对数化为 $\left[\lg\left(\dfrac{\mathrm{d}a}{\mathrm{d}N}\right)_{p,i}, \lg(K_{\max})_{p,i}\right]$

基本的最小二乘法是以预测模型预测值与试验获得的测量值的离差的平方和最小为目标，即当预测模型为 $y = b + ax$ 时，要求离差的平方和 $Q = \sum\limits_{i=1}^{n}(y_i - b - ax_i)^2$ 最小。而在本章研究中得到的等式 $\dfrac{\mathrm{d}a}{\mathrm{d}N} = C(1-\gamma\sigma_{\mathrm{maxcom}})^\beta(K_{\max})^m$ 中含有三个参数 C、m、β，特别对参数 β 的拟合必须进行应力比 $R=0$ 和 $R<0$ 的试验。但是，从式(4.13)也可以看出在不同的负应力比下，即不同的 σ_{maxcom} 下，拟合方程具有相同 m 值，但具有不同的 $\lg C'$，其中，$C' = C(1-\gamma\sigma_{\mathrm{maxcom}})^\beta$，对应于应力比 $R=0$ 的试验，C' 等于模型参数 C。对于本书模型式(4.13)，模型参数拟合准则式(4.14)表达为

$$\begin{aligned}
Q = &\sum_{i=1}^{n_1}\left[\lg\left(\frac{\mathrm{d}a}{\mathrm{d}N}\right)_{1,i} - (\lg C')_1 - m\lg(K_{\max})_{1,i}\right]^2 + \\
&\sum_{i=1}^{n_2}\left[\lg\left(\frac{\mathrm{d}a}{\mathrm{d}N}\right)_{2,i} - (\lg C')_2 - m\lg(K_{\max})_{2,i}\right]^2 + \cdots + \\
&\sum_{i=1}^{n_p}\left[\lg\left(\frac{\mathrm{d}a}{\mathrm{d}N}\right)_{p,i} - (\lg C')_p - m\lg(K_{\max})_{p,i}\right]^2 + \cdots +
\end{aligned}$$

$$\sum_{i=1}^{n_N} \left[\lg\left(\frac{da}{dN}\right)_{N,i} - (\lg C')_N - m\lg(K_{max})_{N,i} \right]^2 \tag{4.23}$$

式中，N 代表共在 N 个应力比下进行试验。按式(4.23) 有

$$\begin{cases} \dfrac{\partial Q}{\partial m} = 0 \\[2mm] \dfrac{\partial Q}{\partial (\lg C')_1} = 0 \\[2mm] \dfrac{\partial Q}{\partial (\lg C')_2} = 0 \\[1mm] \vdots \\[1mm] \dfrac{\partial Q}{\partial (\lg C')_p} = 0 \\[1mm] \vdots \\[1mm] \dfrac{\partial Q}{\partial (\lg C')_N} = 0 \end{cases} \tag{4.24}$$

因此

$$\begin{cases} (\lg C')_1 = \overline{\lg\left(\dfrac{da}{dN}\right)_1} - m\,\overline{\lg(K_{max})_1} \\[2mm] (\lg C')_2 = \overline{\lg\left(\dfrac{da}{dN}\right)_2} - m\,\overline{\lg(K_{max})_2} \\[1mm] \vdots \\[1mm] (\lg C')_p = \overline{\lg\left(\dfrac{da}{dN}\right)_p} - m\,\overline{\lg(K_{max})_p} \\[1mm] \vdots \\[1mm] (\lg C')_N = \overline{\lg\left(\dfrac{da}{dN}\right)_N} - m\,\overline{\lg(K_{max})_N} \end{cases} \tag{4.25}$$

则

$$m = \frac{\displaystyle\sum_{p=1}^{N} n_p \left[\overline{\lg\left(\dfrac{da}{dN}\right)_p \lg(K_{max})_p} - \overline{\lg\left(\dfrac{da}{dN}\right)_p}\,\overline{\lg(K_{max})_p} \right]}{\displaystyle\sum_{p=1}^{N} n_p \left[\overline{\lg^2(K_{max})_p} - \overline{\lg(K_{max})_p}^2 \right]} \tag{4.26}$$

模型参数 β 满足方程

$$C' = C(1 - \gamma\sigma_{maxcom})^\beta \tag{4.27}$$

对式(4.27) 两边同时取以 10 为底对数，则

$$\lg C' = \lg C + \beta \lg(1 - \gamma \sigma_{\text{maxcom}}) \tag{4.28}$$

利用式(4.25)计算结果,以 $\lg C'$ 和 $\lg(1 - \gamma \sigma_{\text{maxcom}})$ 为变量,应用最小二乘法拓展式(4.14)对参数 C 和 β 进行线性拟合,则有

$$\beta = \frac{\overline{\lg(1 - \gamma \sigma_{\text{maxcom}}) \lg C'} - \overline{\lg(1 - \gamma \sigma_{\text{maxcom}})} \cdot \overline{\lg C'}}{\overline{\lg^2(1 - \gamma \sigma_{\text{maxcom}})} - \overline{\lg(1 - \gamma \sigma_{\text{maxcom}})}^2} \tag{4.29}$$

$$\lg C = \overline{\lg C'} + \beta \overline{\lg(1 - \gamma \sigma_{\text{maxcom}})} \tag{4.30}$$

上述等式中变量上的横线均表示取平均值。

4.4　本章小结

(1)建立了最大反向塑性区尺寸 $\rho_{\text{r,max}}$ 的数学模型,指出在拉－压循环加载条件下,裂纹尖端反向塑性区尺寸主要由两个加载参数来决定,即应力循环中拉应力部分中的最大应力强度因子 K_{max} 和应力循环中压应力部分中的最大压载荷 σ_{maxcom}。

(2)根据增量塑性损伤理论,指出疲劳裂纹扩展的压载荷效应是裂纹尖端多余塑性损伤的结果,并建立了拉－压循环加载下预测疲劳裂纹扩展速率的 $\sigma_{\text{maxcom}} - \dfrac{\mathrm{d}a}{\mathrm{d}N} - K_{\text{max}}$ 双参数模型,即拉－压增量塑性损伤模型。

(3)改进了最小二乘法最优参数拟合准则,使其适用于本书推导的含3个变量的拉－压疲劳裂纹扩展速率 $\sigma_{\text{maxcom}} - \dfrac{\mathrm{d}a}{\mathrm{d}N} - K_{\text{max}}$ 数学模型,并建立了具体的 $\sigma_{\text{maxcom}} - \dfrac{\mathrm{d}a}{\mathrm{d}N} - K_{\text{max}}$ 数学模型参数 C、m、β 的线性拟合方法。

第5章 过载后的反向塑性损伤与拉—压循环过载效应模型

航空铝合金材料在服役过程中实际承受的多是变幅载荷,通常用载荷谱表示。如果忽略不同载荷间的交互作用,那么基于 Paris 公式的铝合金疲劳裂纹扩展寿命的预测方法仍然可用。但是,大量试验表明在施加一系列的等幅载荷中加入一个超过等幅幅值一定比例的过载峰后,疲劳裂纹扩展出现迟滞现象或延迟迟滞现象。而在拉—压等幅载荷中加入一个拉伸过载峰后,并未产生迟滞,甚至出现了裂纹扩展短暂加速的现象。本书所讨论的过载效应是指在等幅循环载荷中施加一个单峰拉伸过载后铝合金疲劳裂纹扩展速率的变化,包括了以上几种现象,即过载迟滞效应、延迟迟滞现象、拉—压过载效应。

在现有考虑过载效应的 $\mathrm{d}a/\mathrm{d}N$ 预测模型中,应用较广泛的是 Wheeler 模型与 Willenborg 模型。但是,这两个模型可以很好地解释过载后裂纹扩展的迟滞效应,而无法解释延迟迟滞及拉—压加载下过载无迟滞现象。本章的主要目的是通过增量塑性损伤理论与 Willenborg 残余应力理论模型思想结合,建立拉—拉循环载荷下,过载后疲劳裂纹扩展速率 $\left(\dfrac{\mathrm{d}a}{\mathrm{d}N}\right)_{\mathrm{afterOL},R\geqslant 0}$ 预测模型,即拉—拉过载增量塑性损伤模型,在同一模型中给出迟滞与延迟迟滞效应的数学表达。在此基础上,给出拉—压循环加载下的 $\left(\dfrac{\mathrm{d}a}{\mathrm{d}N}\right)_{\mathrm{afterOL},R<0}$ 预测模型,即拉—压过载增量塑性损伤模型,分析压载荷效应与过载效应的相互影响。下面,首先介绍 Wheeler 模型与 Willenborg 模型的基本思想和计算方法。

5.1 Wheeler 模型与 Willenborg 模型

5.1.1 Wheeler 模型

如图 5.1 所示,Wheeler 模型基于以下假设:

假设 1:过载 σ_{OL} 后在裂纹尖端引起大塑性区(尺寸 ρ_{OL}),此后裂纹在大塑

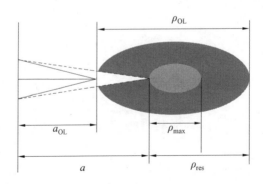

图 5.1 Wheeler 模型示意图

性区内扩展。

假设 2：裂纹穿过过载迟滞区后，迟滞消失。

假设 3：迟滞区内残余压应力使裂纹扩展速率下降。

假设 4：迟滞参数 C_p 是等幅载荷下最大拉载荷 σ_{max} 对应的最大正向塑性区尺寸 ρ_{max} 与过载后残余的塑性区尺寸 $\rho_{res}=[(a_{OL}+\rho_{OL})-a]$ 的比值，是指数型函数：

$$C_p=\left[\frac{\rho_{max}}{(a_{OL}+\rho_{OL})-a}\right]^{m'} \tag{5.1}$$

则 Paris 公式可修正为

$$\frac{\mathrm{d}a}{\mathrm{d}N}=C_p\left[C(\Delta K)^m\right] \tag{5.2}$$

参数 $m'\geqslant 0$ 由试验确定，$m'=0$ 表示无迟滞发生。当 $a=a_{OL}$ 时，$C_p=\left(\dfrac{\rho_{max}}{\rho_{OL}}\right)^{m'}$，裂纹扩展速率 $\dfrac{\mathrm{d}a}{\mathrm{d}N}$ 最小，表示过载后立即发生迟滞。Wheeler 模型简单、便于应用，但是无法解释延迟迟滞和止裂现象。

5.1.2 Willenborg 模型

Willenborg 认为裂纹尖端受到的残余压应力造成了过载的迟滞效应，并且给出了描述裂纹扩展迟滞效应的有效应力强度因子幅度参数：

$$\Delta K_{eff}=Y\left[(\sigma_{max})_{eff}-(\sigma_{min})_{eff}\right]\sqrt{\pi a} \tag{5.3}$$

其中

$$\sigma_{eff}=\begin{cases}\sigma-\sigma_{comp}, & \sigma>\sigma_{comp}\\0, & \sigma\leqslant\sigma_{comp}\end{cases} \tag{5.4a}$$

$$\sigma_{comp} = \sigma_{req} - \sigma_{max} \qquad (5.4b)$$

式中，σ_{comp} 为过载后等效的远场残余压应力大小；σ_{req} 为不发生迟滞所需要的应力，计算方法如下：

σ_{req} 所产生的塑性区尺寸正好与过载后残余的塑性区尺寸相等，即 $\rho_{req} = \rho_{res}$，由式(3.2)有

$$Y^2 \frac{\sigma_{req}^2}{\sigma_{ys}^2} a = \rho_{OL} - (a - a_{OL}) \qquad (5.5)$$

则不发生迟滞所需要的最大应力 σ_{req} 为

$$\sigma_{req} = \frac{\sigma_{ys}}{Y} \sqrt{\frac{a_{OL} + \rho_{OL} - a}{a}} \qquad (5.6)$$

卸载弹性区产生等效的远场压应力 σ_{comp} 为 $\sigma_{req} - \sigma_{max}$。

式(5.4b)表明，过载造成的塑性区之外的弹性体卸载后会对过载塑性区产生压应力。当重新加载至 σ_{max} 时，等效的远场残余压应力可以近似地用式(5.4b)计算。由式(5.4a)和式(5.3)可以看出，当 $\sigma_{min} > \sigma_{comp}$ 时，有效应力强度因子幅与外载形成的应力强度因子幅相等，$\Delta K_{eff} = \Delta K$，此时迟滞效应消失，即裂纹尖端已经超过了过载造成的迟滞影响区。但是，由 Willenborg 模型可以看出，当 $a = a_{OL}$ 时，将立即产生迟滞，因此 Willenborg 模型不能解释延迟迟滞效应。

5.1.3　过载后裂纹尖端正向塑性区尺寸与反向塑性区尺寸的计算

1. 正向塑性区尺寸

Willenborg 模型给出了计算过载后裂纹尖端有效应力强度因子的方法。而根据小范围屈服条件下裂纹尖端塑性区尺寸的 Irwin 模型式，在平面应力状态下，当裂纹尖端最大应力强度因子为 K_{max} 时，裂纹尖端的最大正向塑性区尺寸 ρ_{max} 为

$$\rho_{max} = \frac{1}{\pi} \left(\frac{K_{max}}{\sigma_{ys}} \right)^2 \qquad (5.7)$$

最大拉载荷 σ_{max} 卸载至最小拉载荷 σ_{min} 时的反向塑性区尺寸为

$$\rho_r = \frac{1}{\pi} \left(\frac{\Delta K}{2\sigma_{ys}} \right)^2 \qquad (5.8a)$$

则当应力比 $R = 0$ 时，由最大拉载荷卸载至零时的反向塑性区尺寸 ρ_{r0} 为

$$\rho_{r0} = \frac{1}{\pi} \left(\frac{K_{max}}{2\sigma_{ys}} \right)^2 \qquad (5.8b)$$

则过载后,可以将 Willenborg 模型过载后裂纹尖端的有效应力强度因子 $K_{\max,\mathrm{eff}}$ 代入,同时考虑在过载峰卸载后,在过载峰引起的反向塑性区内裂纹尖端应力均为 $-\sigma_{\mathrm{ys}}$。因此,当 $a-a_{\mathrm{OL}} \leqslant \rho_{\mathrm{r,OL}}$ 时,裂纹尖端的正向塑性区尺寸可以表达为

$$\rho_{\mathrm{afterOL}} = \frac{1}{\pi}\left(\frac{K_{\max,\mathrm{eff}}}{2\sigma_{\mathrm{ys}}}\right)^2 \tag{5.9}$$

当 $a-a_{\mathrm{OL}} > \rho_{\mathrm{r,OL}}$,裂纹扩展出过载峰引起的反向塑性区后,裂纹尖端的正向塑性区尺寸可以表达为

$$\rho_{\mathrm{afterOL}} = \frac{1}{\pi}\left(\frac{K_{\max,\mathrm{eff}}}{\sigma_{\mathrm{ys}}}\right)^2 \tag{5.10}$$

式中,ρ_{afterOL} 为与 $K_{\max,\mathrm{eff}}$ 对应的塑性区尺寸,其含义为过载后疲劳裂纹尖端真实的最大正向塑性区尺寸。

2. 反向塑性区尺寸

(1)应力比 $R \geqslant 0$ 的情况。

①$a-a_{\mathrm{OL}} \leqslant \rho_{\mathrm{r,OL}}$ 的情况。在第 2 章的扩展裂纹有限元分析中可以看到,过载峰卸载时裂纹尖端形成了较大的反向塑性区,而后续裂纹将在这个反向塑性区内扩展一段距离。在过载峰卸载后,在这个反向塑性区内,应力均为 $-\sigma_{\mathrm{ys}}$。在后续等幅加载时,此区域内应力为 $\sigma_{yy} = \sigma_{yy}^e - \sigma_{\mathrm{ys}}$。卸载时,过载峰引起的反向塑性区内的应力值恢复至 $-\sigma_{\mathrm{ys}}$。并且在过载裂纹长度 $a=a_{\mathrm{OL}}$ 附近,由于过载峰引起较大的正向塑性变形,当前拉伸载荷卸载后裂纹依然张开,而在新的裂纹尖端附近裂纹完全闭合,拉伸载荷卸载时,有效的裂纹长度仍为 a_{OL}。因此,在当前拉伸载荷卸载时,弹性区对正向塑性区压缩作用的边界与过载峰卸载时相同。卸载时对裂纹尖端,等效的远场压缩应力由过载峰 σ_{OL} 卸载引起的等效远场压缩应力与当前有效拉伸载荷 $\sigma_{\max,\mathrm{eff}}$ 卸载产生的压缩应力共同产生,产生的反向塑性区也由二者共同决定。其中,由于当前卸载产生压缩作用的边界和对应裂纹长度与过载峰卸载时均相同,因此 σ_{OL} 卸载产生的有效远场压应力为 $-\sigma_{\mathrm{OL}}$,产生的塑性区尺寸仍为 $\rho_{\mathrm{r,OL}}$,而有效拉伸载荷 $\sigma_{\max,\mathrm{eff}}$ 卸载产生的压缩应力不能简单地等效为 $-\sigma_{\max,\mathrm{eff}}$,因为在卸载阶段其作用的正向塑性区尺寸大于等幅情况,这里做如下等效处理。

卸载时等效的远场压缩应力来自于拉伸阶段形成的弹性变形,根据弹性力学,相同的弹性变形卸载时产生相同的压缩内力。因此,当裂纹尖端的正向塑性区尺寸为 ρ,对应的有效远场压应力为 σ 时,正向塑性区边界平均法向压

应力为

$$\sigma_y = \frac{\sigma W d}{\rho d} \tag{5.11}$$

式中，W 为试件宽度；d 为试件厚度。

而对于裂纹尖端的正向塑性区尺寸为 ρ'，有效远场压应力仍为 σ 时，正向塑性区边界平均法向压应力为

$$\sigma'_y = \frac{\sigma W d}{\rho' d} \tag{5.12}$$

假设当平均法向压应力相同时，在塑性区内形成相同尺寸的反向塑性区。若使 $\sigma'_y = \sigma_y$，则裂纹尖端的正向塑性区尺寸为 ρ' 时，有效远场压应力 σ 相当于正向塑性区尺寸为 ρ 时，承受 σ' 的有效远场压应力，即

$$\sigma' = \sigma \frac{\rho}{\rho'} \tag{5.13}$$

因此，可以将有效拉伸载荷 $\sigma_{\mathrm{max,eff}}$ 卸载产生的压缩应力等效为

$$\sigma'_{\mathrm{max,eff}} = \sigma_{\mathrm{max,eff}} \frac{\rho_{\mathrm{afterOL}}}{\rho_{\mathrm{OL}}} \tag{5.14}$$

因此，当 $(a - a_{\mathrm{OL}}) < \rho_{\mathrm{r,OL}}$ 时，如图 5.2(a) 所示，过载后的反向塑性区尺寸可以表达为

$$\rho_{\mathrm{r,afterOL}} = \left[\frac{Y \left(\Delta\sigma_{\mathrm{OL}} + \Delta\sigma_{\mathrm{eff}} \dfrac{\rho_{\mathrm{afterOL}}}{\rho_{\mathrm{OL}}} \right) \sqrt{\pi a}}{2\sigma_{\mathrm{ys}}} \right]^2 - (a - a_{\mathrm{OL}}) \tag{5.15}$$

式中，$\rho_{\mathrm{r,afterOL}}$ 为过载峰后拉伸载荷卸载至零时，裂纹尖端的反向塑性区尺寸。

如图 5.2(a) 所示，当 $(a - a_{\mathrm{OL}}) \ll \rho_{\mathrm{r,OL}}$ 时，过载后的反向塑性区尺寸近似等于过载峰卸载形成的反向塑性区尺寸与 $(a - a_{\mathrm{OL}})$ 之差，反向塑性区在裂纹沿线的边界与过载峰卸载的边界接近重合。

②$(a - a_{\mathrm{OL}}) \geqslant \rho_{\mathrm{r,OL}}$ 的情况。如图 5.2(b) 所示，裂纹扩展出过载峰引起的反向塑性区后，拉伸载荷卸载至零时，有

$$\rho_{\mathrm{r,afterOL}} = \frac{1}{\pi} \left(\frac{K_{\mathrm{max,eff}}}{2\sigma_{\mathrm{ys}}} \right)^2 \tag{5.16}$$

(2) 应力比 $R < 0$ 的情况。

①$(a - a_{\mathrm{OL}}) < \rho_{\mathrm{r,OL}}$ 的情况。根据式(5.15)，当 $R = 0$ 时，由 $a = a_{\mathrm{OL}}$ 至反向塑性区在裂纹沿线边界的距离为

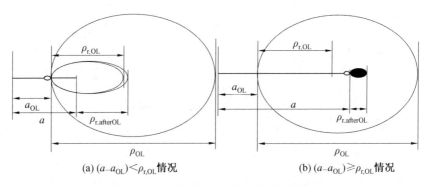

(a) $(a-a_{OL})<\rho_{r,OL}$ 情况   (b) $(a-a_{OL})\geqslant\rho_{r,OL}$ 情况

图 5.2   过载后反向塑性区尺寸示意图

$$\rho_{r,afterOL}+(a-a_{OL})=\frac{Y\Big(\sigma_{OL}+\sigma_{max,eff}\dfrac{\rho_{afterOL}}{\rho_{OL}}\Big)\sqrt{\pi a}}{2\sigma_{ys}} \tag{5.17}$$

在拉—压循环加载下,由 $a=a_{OL}$ 至最大反向塑性区在裂纹沿线边界的距离为

$$\rho_{r,afterOL}+(a-a_{OL})=(1-\gamma\sigma_{maxcom})\left[\frac{Y\Big(\sigma_{OL}+\sigma_{max,eff}\dfrac{\rho_{afterOL}}{\rho_{OL}}\Big)\sqrt{\pi a}}{2\sigma_{ys}}\right] \tag{5.18}$$

因此,拉—压循环加载下,当 $(a-a_{OL})\leqslant\rho_{r,OL}$ 时,最大反向塑性区尺寸为

$$\rho_{r,afterOL}=(1-\gamma\sigma_{maxcom})\left[\frac{Y\Big(\sigma_{OL}+\sigma_{max,eff}\dfrac{\rho_{afterOL}}{\rho_{OL}}\Big)\sqrt{\pi a}}{2\sigma_{ys}}\right]-(a-a_{OL}) \tag{5.19}$$

② $(a-a_{OL})>\rho_{r,OL}$ 的情况。根据式(5.16)和式(4.5),当 $R<0$ 时有

$$\rho_{r,eff}=(1-\gamma\sigma_{maxcom})\left[\frac{1}{4\pi}\Big(\frac{K_{max,eff}}{\sigma_{ys}}\Big)^2\right] \tag{5.20}$$

在以上各式中

$$\rho_{r,OL}=\begin{cases}\dfrac{1}{\pi}\Big(\dfrac{K_{max,OL}-K_{min}}{2\sigma_{ys}}\Big)^2, & R\geqslant0\\[3mm](1-\gamma\sigma_{maxcom})\dfrac{K^2_{max,OL}}{4\pi\sigma^2_{ys}}, & R<0\end{cases} \tag{5.21}$$

（3）算例。

通过第 3 章建立的扩展裂纹有限元模型分析可以看到,过载后新的裂纹尖端在当前拉伸载荷卸载后完全闭合,没有在此处形成残余塑性变形。根据

此分析结果，本章研究中假设过载后裂纹尖端形成较大的正向塑性变形，在裂纹尖端形成较大的残余压应力，在当前的拉伸载荷加载时，有效的加载载荷 $\sigma_{\text{eff}}=\sigma-\sigma_{\text{comp}}$ 较小，在新裂纹尖端形成较小的正向塑性变形，而卸载阶段裂纹尖端将承受当前载荷卸载和残余压应力共同作用，因此在新裂纹尖端没有形成残余塑性变形。由此假设得出过载后的正向塑性区与反向塑性区尺寸数学模型计算结果，与有限元计算结果对比，验证数学模型合理性，将二者对比结果分别绘制成图 5.3 和图 5.4。

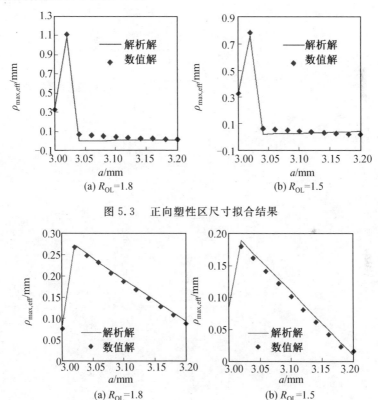

(a) $R_{\text{OL}}=1.8$　　(b) $R_{\text{OL}}=1.5$

图 5.3　正向塑性区尺寸拟合结果

(a) $R_{\text{OL}}=1.8$　　(b) $R_{\text{OL}}=1.5$

图 5.4　反向塑性区尺寸拟合结果

由图 5.3 和图 5.4 可以看出，由数学模型计算得到的塑性区尺寸与有限元计算得到的塑性区尺寸在裂纹扩展过程中总体上符合较好，表明该方法是合理的。

5.2　拉－拉循环加载下的过载效应与预测模型

5.2.1　模型推导

本节将根据增量塑性损伤理论模型,讨论在等幅拉－拉循环载荷中含一个过载峰的载荷谱下,单峰过载后疲劳裂纹扩展与过载前的变化。在单峰过载后,根据 Willenborg 模型,当 $\sigma_{\min} > \sigma_{\text{comp}}$ 时,有 $\Delta K_{\text{eff}} = \Delta K$,此时迟滞效应消失,即裂纹尖端已经超过了过载影响区。若令 $\sigma_{\min} > \sigma_{\text{comp}}$,其中,$\sigma_{\min} = R\sigma_{\max}$,则 $(1+R)\sigma_{\max} > \sigma_{\text{req}}$,得到

$$a > \frac{1}{1 + \left[Y(1+R)\dfrac{\sigma_{\max}}{\sigma_{\text{ys}}}\right]^2}(a_{\text{OL}} + \rho_{\text{OL}}) \tag{5.22}$$

迟滞消失对应的裂纹长度 a_R 为

$$a_R = \frac{1}{1 + \left[Y(1+R)\dfrac{\sigma_{\max}}{\sigma_{\text{ys}}}\right]^2}(a_{\text{OL}} + \rho_{\text{OL}}) \tag{5.23}$$

因此,根据 Willenborg 模型,在过载影响区 $a < a_R$ 内,恒有 $\sigma_{\min} \leqslant \sigma_{\text{comp}}$ 时,则有 $K_{\min,\text{eff}} = 0$,因此当应力比 $R \geqslant 0$,$a_{\text{OL}} < a < a_R$ 时,过载后拉－拉循环载荷对应的最大正向塑性区与反向塑性区尺寸为

$$\rho_{\text{afterOL}} = \begin{cases} \dfrac{1}{\pi}\left(\dfrac{K_{\max,\text{eff}}}{2\sigma_{\text{ys}}}\right)^2, & (a - a_{\text{OL}}) \leqslant \rho_{\text{r,OL}} \\[3mm] \dfrac{1}{\pi}\left(\dfrac{K_{\max,\text{eff}}}{\sigma_{\text{ys}}}\right)^2, & (a - a_{\text{OL}}) > \rho_{\text{r,OL}} \end{cases} \tag{5.24}$$

$$\rho_{\text{r,afterOL}} = \begin{cases} \left\{\left[\dfrac{Y\left(\Delta\sigma_{\text{OL}} + \Delta\sigma_{\text{eff}}\dfrac{\rho_{\text{afterOL}}}{\rho_{\text{OL}}}\right)\sqrt{\pi a}}{2\sigma_{\text{ys}}}\right]^2 - (a - a_{\text{OL}})\right\}, & (a - a_{\text{OL}}) \leqslant \rho_{\text{r,OL}} \\[5mm] \dfrac{1}{\pi}\left(\dfrac{K_{\max,\text{eff}}}{2\sigma_{\text{ys}}}\right)^2, & (a - a_{\text{OL}}) > \rho_{\text{r,OL}} \end{cases}$$

$$\tag{5.25}$$

1. 当 $(a - a_{\text{OL}}) \leqslant \rho_{\text{r,OL}}$ 时

将式(5.25)代入增量塑性损伤理论公式,即

$$\mathrm{d}a = B\rho_{\text{r,afterOL}}^{\beta}\rho_{\text{afterOL}}^{\alpha}\,\mathrm{d}\rho \tag{5.26}$$

$$\mathrm{d}a = B\left\{\left[\frac{Y\left(\Delta\sigma_{\mathrm{OL}} + \Delta\sigma_{\mathrm{eff}}\dfrac{\rho_{\mathrm{afterOL}}}{\rho_{\mathrm{OL}}}\right)\sqrt{\pi a}}{2\sigma_{\mathrm{ys}}}\right]^2 - (a - a_{\mathrm{OL}})\right\}^{\beta}\rho^{\alpha}\mathrm{d}\rho \quad (5.27)$$

$$\frac{\mathrm{d}a}{\mathrm{d}N} = \int_0^{\rho_{\max}} B\left\{\left[\frac{Y\left(\Delta\sigma_{\mathrm{OL}} + \Delta\sigma_{\mathrm{eff}}\dfrac{\rho_{\mathrm{afterOL}}}{\rho_{\mathrm{OL}}}\right)\sqrt{\pi a}}{2\sigma_{\mathrm{ys}}}\right]^2 - (a - a_{\mathrm{OL}})\right\}^{\beta}\rho^{\alpha}\mathrm{d}\rho$$

$$(5.28)$$

$$\frac{\mathrm{d}a}{\mathrm{d}N} = \frac{B}{\alpha+1}\left\{\left[\frac{Y\left(\Delta\sigma_{\mathrm{OL}} + \Delta\sigma_{\mathrm{eff}}\dfrac{\rho_{\mathrm{afterOL}}}{\rho_{\mathrm{OL}}}\right)\sqrt{\pi a}}{2\sigma_{\mathrm{ys}}}\right]^2 - (a - a_{\mathrm{OL}})\right\}^{\beta}\left[\frac{1}{\pi}\left(\frac{K_{\max,\mathrm{eff}}}{2\sigma_{\mathrm{ys}}}\right)^2\right]^{\alpha+1}$$

$$(5.29)$$

2. 当$(a - a_{\mathrm{OL}}) > \rho_{\mathrm{r,OL}}$ 时

$$\mathrm{d}a = B\left(\frac{K_{\max,\mathrm{eff}}^2}{4\pi\sigma_{\mathrm{ys}}^2}\right)^{\beta}\rho^{\alpha}\mathrm{d}\rho \quad (5.30)$$

$$\left(\frac{\mathrm{d}a}{\mathrm{d}N}\right)_{\mathrm{afterOL}} = \frac{B}{\alpha+1}\left(\frac{K_{\max,\mathrm{eff}}^2}{4\pi\sigma_{\mathrm{ys}}^2}\right)^{\beta}\left[\frac{1}{\pi}\left(\frac{K_{\max,\mathrm{eff}}}{\sigma_{\mathrm{ys}}}\right)^2\right]^{\alpha+1} \quad (5.31)$$

5.2.2　讨论

1. 模型参数

当应力比 $R = 0$ 时，过载后疲劳裂纹扩展速率$\left(\dfrac{\mathrm{d}a}{\mathrm{d}N}\right)_{\mathrm{afterOL},R=0}$ 可以表示为

$$\left(\frac{\mathrm{d}a}{\mathrm{d}N}\right)_{\mathrm{afterOL},R=0} = \begin{cases} \dfrac{B}{\alpha+1}\left\{\left[\dfrac{Y\left(\sigma_{\mathrm{OL}} + \sigma_{\mathrm{eff}}\dfrac{\rho_{\mathrm{afterOL}}}{\rho_{\mathrm{OL}}}\right)\sqrt{\pi a}}{2\sigma_{\mathrm{ys}}}\right]^2 - (a - a_{\mathrm{OL}})\right\}^{\beta}\left[\dfrac{1}{\pi}\left(\dfrac{K_{\max,\mathrm{eff}}}{2\sigma_{\mathrm{ys}}}\right)^2\right]^{\alpha+1}, \\ \quad a_{\mathrm{OL}} < a < a_{\mathrm{OL}} + \rho_{\mathrm{r,OL}} \\ \dfrac{B}{\alpha+1}\left(\dfrac{K_{\max,\mathrm{eff}}^2}{4\pi\sigma_{\mathrm{ys}}^2}\right)^{\beta}\left[\dfrac{1}{\pi}\left(\dfrac{K_{\max,\mathrm{eff}}}{\sigma_{\mathrm{ys}}}\right)^2\right]^{\alpha+1}, \quad a_{\mathrm{OL}} + \rho_{\mathrm{r,OL}} \leqslant a < a_R \end{cases}$$

$$(5.32)$$

若无过载，则式(5.32)化为 Paris 方程：

$$\frac{\mathrm{d}a}{\mathrm{d}N} = \frac{B}{\alpha+1}\left[\frac{1}{4\pi}\left(\frac{K_{\max}}{\sigma_{\mathrm{ys}}}\right)^2\right]^{\beta}\left[\frac{1}{\pi}\left(\frac{K_{\max}}{\sigma_{\mathrm{ys}}}\right)^2\right]^{\alpha+1} \quad (5.33)$$

即$\dfrac{\mathrm{d}a}{\mathrm{d}N} = C(K_{\max})^m$，因此，式(5.33)中 C、m 为

$$\begin{cases} C = \left(\dfrac{1}{4}\right)^{\beta} \dfrac{B}{\alpha+1} \left(\dfrac{1}{\pi}\right)^{\alpha+\beta+1} \left(\dfrac{1}{\sigma_{ys}}\right)^{2(\alpha+\beta+1)} \\ m = 2(\alpha+\beta+1) \end{cases} \quad (5.34)$$

那么,应力比 $R \geqslant 0$ 的拉—拉循环加载下,有

$$\left(\frac{\mathrm{d}a}{\mathrm{d}N}\right)_{\mathrm{afterOL},R\geqslant0} = \begin{cases} 4^{2\beta-\frac{m}{2}} \pi^{\beta} \sigma_{ys}^{2\beta} C \left\{ \left[\dfrac{Y\left(\Delta\sigma_{\mathrm{OL}} + \Delta\sigma_{\mathrm{eff}} \dfrac{\rho_{\mathrm{afterOL}}}{\rho_{\mathrm{OL}}}\right)\sqrt{\pi a}}{2\sigma_{ys}} - (a-a_{\mathrm{OL}}) \right]^2 \right\}^{\beta} K_{\max,\mathrm{eff}}^{m-2\beta}, \\ \quad a_{\mathrm{OL}} < a < a_{\mathrm{OL}} + \rho_{\mathrm{r,OL}} \\ C(K_{\max,\mathrm{eff}})^m, \quad a_{\mathrm{OL}} + \rho_{\mathrm{r,OL}} \leqslant a < a_R \\ C(\Delta K)^m, \quad a \geqslant a_R \end{cases}$$

$$(5.35)$$

式(5.35)是基于增量塑性损伤理论的拉—拉加载下疲劳裂纹扩展速率预测模型,该模型可以反映过载后疲劳裂纹扩展延迟迟滞、迟滞、迟滞消失三个阶段,称为拉—拉过载增量塑性损伤模型。

2. 延迟迟滞现象的解释

Willenborg 模型没有考虑裂纹尖端反向塑性损伤对疲劳裂纹扩展的影响,不能够解释延迟迟滞效应。在 $a < a_{\mathrm{OL}} + \rho_{\mathrm{r,OL}}$ 区域,将考虑反向塑性损伤的新模型 $\left(\dfrac{\mathrm{d}a}{\mathrm{d}N}\right)_{\mathrm{afterOL}}$ 与 Willenborg 模型 $\left(\dfrac{\mathrm{d}a}{\mathrm{d}N}\right)_{\mathrm{afterOL,W}}$ 作比,应力比 $R=0$,则得到

$$\frac{\left(\dfrac{\mathrm{d}a}{\mathrm{d}N}\right)_{\mathrm{afterOL}}}{\left(\dfrac{\mathrm{d}a}{\mathrm{d}N}\right)_{\mathrm{afterOL,W}}} = \frac{\left(\dfrac{1}{4}\right)^{\frac{m}{2}-\beta} \left\{ \left[\dfrac{Y\left(\sigma_{\mathrm{OL}} + \sigma_{\mathrm{eff}} \dfrac{\rho_{\mathrm{afterOL}}}{\rho_{\mathrm{OL}}}\right)\sqrt{\pi a}}{2\sigma_{ys}} \right]^2 - (a-a_{\mathrm{OL}}) \right\}^{\beta}}{\left[\dfrac{1}{4\pi} \left(\dfrac{K_{\max,\mathrm{eff}}}{\sigma_{ys}}\right)^2 \right]^{\beta}}$$

$$(5.36)$$

因此由该模型可以推测,施加过载峰后,裂纹扩展并未立即进入迟滞扩展阶段,而将经历一段延迟迟滞过程。这是由于施加过载峰后,裂纹尖端存在反向塑性屈服,而在残留的反向塑性区内,存在多余的塑性损伤。因此,在过载峰卸载后,在延迟迟滞区内 $a \leqslant a_{\mathrm{OL}} + \rho_{\mathrm{r,OL}}$,裂纹扩展同时受弹性区的残余压应力和裂纹尖端多余塑性损伤的影响,其结果形成了延迟迟滞或短暂的加速。当裂纹扩展出延迟迟滞区域后,进入迟滞区,裂纹扩展受弹性区的残余压

应力影响,形成了迟滞扩展。当裂纹扩展出迟滞区域后,裂纹扩展速率恢复至等幅加载情况,过载效应消失。

算例:令 $Y=1$,$a_{OL}-a=0.1$ mm,$a=10$ mm,$\rho_{OL}=7.8$ mm,$\sigma_{max}=58.3$ MPa,$\sigma_{ys}=120.12$ MPa。则 $K_{max,eff}=2.2$ MPa・m,$K_{max}=10.4$ MPa・m,等效的远场压应力根据式(5.4b)计算 $\sigma_{comp}=46.0$ MPa,则有效应力 $\sigma_{eff}=\sigma_{max}-$

$\sigma_{res}=12.3$ MPa。此时,$\dfrac{\left(\dfrac{da}{dN}\right)_{afterOL}}{\left(\dfrac{da}{dN}\right)_{afterOL,W}}=1.1\times10^{2}$；$\dfrac{\left(\dfrac{da}{dN}\right)_{afterOL}}{\left(\dfrac{da}{dN}\right)_{Paris}}=5.5$。

由以上结果可以看出,新模型计算得到的疲劳裂纹扩展速率远高于 Willenborg 模型计算结果 2 个数量级,高于 Paris 公式计算结果约 5 倍。因此,按新模型计算结果,过载后并未立即发生迟滞,甚至可以发生一段距离的加速扩展。这样可以对过载后的延迟迟滞做出如下解释:过载峰卸载产生的反向塑性损伤,在过载后一段距离内仍存在。由于裂纹尖端的反向塑性损伤对疲劳裂纹扩展具有促进作用,在一定扩展长度内,抵消了过载后残余压应力对有效应力强度因子的减弱作用。

5.3　拉－压循环加载下的过载效应与预测模型

5.3.1　模型推导

本节结合增量塑性损伤理论与 Willenborg 残余应力模型,探讨在施加拉－压循环载荷下,即负应力比下,单峰过载后的疲劳裂纹扩展速率 $\left(\dfrac{da}{dN}\right)_{afterOL,R<0}$。

在前面推导的拉－拉循环加载过载后 $\left(\dfrac{da}{dN}\right)_{afterOL,R>0}$ 模型中,引入了过载后反向塑性区对疲劳裂纹扩展的影响。当应力比 $R<0$ 时,由于压载荷作用,裂纹尖端将存在更大的反向塑性区,其存在也将对疲劳裂纹扩展速率产生影响。

这里,在过载影响区 $a<a_R$ 内有效应力强度因子幅仍然按 Willenborg 方法计算,因此拉－压循环载荷下,过载后对应的最大正向塑性区尺寸仍然为

式(5.9)和式(5.10)，最小的正向塑性区为零。

1. 当 $a - a_{OL} \leqslant \rho_{r,OL}$ 时

按式(5.19)，应力比 $R < 0$ 时，过载后疲劳裂纹扩展速率为

$$\left(\frac{da}{dN}\right)_{\text{afterOL},R<0} = \int_0^{\rho_{\max}} B\left\{(1 - \gamma\sigma_{\text{maxcom}})\left[\frac{Y\left(\sigma_{OL} + \sigma_{\max,\text{eff}}\dfrac{\rho_{\text{afterOL}}}{\rho_{OL}}\right)\sqrt{\pi a}}{2\sigma_{ys}}\right] - (a - a_{OL})\right\}^{\beta}\rho^{\alpha}d\rho$$

$$(5.37)$$

$$\left(\frac{da}{dN}\right)_{\text{afterOL},R<0} = \frac{B}{\alpha+1}\left\{(1 - \gamma\sigma_{\text{maxcom}})\left[\frac{Y\left(\sigma_{OL} + \sigma_{\max,\text{eff}}\dfrac{\rho_{\text{afterOL}}}{\rho_{OL}}\right)\sqrt{\pi a}}{2\sigma_{ys}}\right] - (a - a_{OL})\right\}^{\beta} \cdot$$

$$\left[\frac{1}{\pi}\left(\frac{K_{\max,\text{eff}}}{2\sigma_{ys}}\right)\right]^{\alpha}$$

$$(5.38)$$

2. 当 $a - a_{OL} > \rho_{r,OL}$ 时

按式(5.20)，应力比 $R < 0$ 时，过载后疲劳裂纹扩展速率为

$$\left(\frac{da}{dN}\right)_{\text{afterOL},R<0} = \int_0^{\rho_{\max}} B\left\{(1 - \gamma\sigma_{\text{maxcom}})\left[\frac{1}{4\pi}\left(\frac{K_{\max,\text{eff}}}{\sigma_{ys}}\right)^2\right]\right\}^{\beta}\rho^{\alpha}d\rho \quad (5.39)$$

$$\left(\frac{da}{dN}\right)_{\text{afterOL},R<0} = \frac{B}{\alpha+1}\left\{(1 - \gamma\sigma_{\text{maxcom}})\left[\frac{1}{4\pi}\left(\frac{K_{\max,\text{eff}}}{\sigma_{ys}}\right)^2\right]\right\}^{\beta}\left[\frac{1}{\pi}\left(\frac{K_{\max,\text{eff}}}{2\sigma_{ys}}\right)\right]^{\alpha}$$

$$(5.40)$$

5.3.2 讨论

由模型(5.40)可以推测，在拉－压循环加载下，施加过载峰后，与拉－拉循环加载相似，裂纹扩展并未立即进入迟滞扩展阶段，而将经历一段延迟迟滞过程。这同样是因为施加过载峰后，裂纹尖端存在反向塑性屈服，而在残留的反向塑性区内，存在多余的塑性损伤。并且，在拉－压循环加载下，裂纹尖端过载后形成更大的反向塑性区，这可以导致更大的反向塑性损伤和更大的延迟迟滞区尺寸。若反向塑性损伤所造成的加速效应与过载后弹性区对裂纹尖端的残余压应力所形成的迟滞效应相近，并且延迟迟滞区尺寸 $(1 - \gamma\sigma_{\text{maxcom}})\dfrac{\rho_{OL}}{4}$ 与迟滞区尺寸相近，在拉－压循环加载下则可能观察到

Silva 报道的过载后不明显迟滞，甚至过载后加速的现象。下面，就不同加载条件，讨论模型的适用性，给出模型中相关参数的确定方法。若无过载，则

$$\left(\frac{\mathrm{d}a}{\mathrm{d}N}\right)_{R<0}=\frac{B}{\alpha+1}\left\{(1-\gamma\sigma_{\text{maxcom}})\left[\frac{1}{4\pi}\left(\frac{K_{\max}}{\sigma_{\text{ys}}}\right)^2\right]\right\}^{\beta}\left[\frac{1}{\pi}\left(\frac{K_{\max}}{\sigma_{\text{ys}}}\right)^2\right]^{\alpha+1}$$

$$(5.41)$$

模型化为压载荷效应预测模型，因此模型中参数为

$$\begin{cases}C=\left(\dfrac{1}{4}\right)^{\beta}\dfrac{B}{\alpha+1}\left(\dfrac{1}{\pi}\right)^{\alpha+\beta+1}\left(\dfrac{1}{\sigma_{\text{ys}}}\right)^{2(\alpha+\beta+1)}\\ m=2(\alpha+1+\beta)\end{cases}$$

$$(5.42)$$

则在负应力比下，施加单峰过载后疲劳裂纹扩展速率可以表达为

$$\left(\frac{\mathrm{d}a}{\mathrm{d}N}\right)_{\text{afterOL},R<0}=\begin{cases}4^{\beta}\pi^{\beta}\sigma_{\text{ys}}^{2\beta}C\left\{(1-\gamma\sigma_{\text{maxcom}})\left[\dfrac{Y\left(\sigma_{\text{OL}}+\sigma_{\max,\text{eff}}\dfrac{\rho_{\text{afterOL}}}{\rho_{\text{OL}}}\right)\sqrt{\pi a}}{2\sigma_{\text{ys}}}\right]^{\beta}\right. \\ \left.-(a-a_{\text{OL}})\right\}K_{\max,\text{eff}}^{(m-2\beta)},\\ \qquad a_{\text{OL}}<a<a_{\text{OL}}+\rho_{\text{r},\text{OL}}\\ C\left[(1-\gamma\sigma_{\text{maxcom}})K_{\max,\text{eff}}\right]^{m},\qquad a_{\text{OL}}+\rho_{\text{r},\text{OL}}\leqslant a<a_R\\ C(1-\gamma\sigma_{\text{maxcom}})^{\beta}K_{\max}^{m},\qquad a\geqslant a_R\end{cases}$$

$$(5.43)$$

式（5.43）仍然是以增量塑性损伤理论为基础的，同时考虑了拉—压加载下疲劳裂纹扩展的压载荷效应，因此将其称为拉—压过载增量塑性损伤模型。

5.4　本章小结

（1）结合弹塑性有限元分析的结果，提出了过载后正向塑性区尺寸、反向塑性区尺寸的计算方法——过载后正向塑性区尺寸计算模型和反向塑性区尺寸计算模型，模型计算结果与有限元分析结果符合很好。

（2）将过载后正向塑性区尺寸计算模型和反向塑性区尺寸计算模型代入增量塑性损伤理论模型，推导了拉—拉循环加载下，疲劳裂纹扩展的过载效应模型，即拉—拉过载增量塑性损伤模型。将广泛采用的 Willenborg 模型所提出的过载迟滞效应区域分割为延迟迟滞区和迟滞区，从理论上解释了过载后

的延迟迟滞现象。

（3）将拉－压循环加载下，过载后正向塑性区尺寸计算模型和反向塑性区尺寸计算模型代入增量塑性损伤理论模型，推导了拉－压循环加载下疲劳裂纹扩展的过载效应模型，即拉－压过载增量塑性损伤模型。该模型可以从理论上解释负应力比下施加拉伸过载后，疲劳裂纹扩展无迟滞或加速现象。

第6章　铝合金层板疲劳裂纹扩展压载荷效应模型

6.1　纤维金属层板

纤维金属层板(Fiber Metal Laminates,FML)也称为层间混杂复合材料,图 6.1 所示为纤维金属层板典型 3/2 结构示意图。

图 6.1　纤维金属层板典型 3/2 结构示意图

20 世纪 80 年代初期,荷兰 Delft 工业大学 J. Schijve、L. B. Vogelesang 和 R. Marissen 与 Fokker 公司合作始创了芳纶铝合金层板(ARALL),并将其应用于 F-27 飞机机翼下蒙皮,通过模拟飞行试验发现 ARALL 组成的蒙皮构件较铝合金板结构减重 33%,同时疲劳寿命提高 3 倍,剩余强度达到了限定强度的 1.42 倍。ARALL 由铝合金薄板和芳纶交叠铺层胶接固化成型,其有两种成型方式:①铝合金薄板、胶膜与芳纶布交叠铺层后,采用在一定的温度与压力下热压固化成型;②铝合金薄板与芳纶预浸料交叠铺层后,采用在一定的温度与压力下热压固化成型。美铝公司(ALCOA)于 1983 年将 ARALL 商品化,并推出了四种规格标准产品。

20 世纪 80 年代末期,荷兰 Delft 工业大学用玻璃纤维替代芳纶成功研制出了第二代纤维金属层板——玻璃纤维铝合金层板（GLARE）。与芳纶纤维相比，玻璃纤维在压载荷下不易断裂，且与胶黏剂有较好的结合强度。玻璃纤维热膨胀系数较芳纶更接近于铝合金，固化后的 GLARE 较 ARALL 残余应力更小。GLARE 与 ARALL 相比，质量略大，断裂延伸率和拉伸强度有明显提高。此外，GLARE 还拥有更优异的疲劳、压缩、冲击和阻尼性能。

GLARE 是由铝薄板（0.2～0.5 mm 厚）和玻璃纤维环氧树脂预浸料交叠铺层的纤维金属层板。合理设计使用 GLARE 可使结构减重，降低油耗和排放。A380 客机大量应用了 GLARE，图 6.2 所示为由 GLARE 3 制造而成的 A380 机身上拱顶。荷兰 Akzo Nobel 公司于 1987 年对 GLARE 进行了专利注册，并于 1991 年与美铝公司一道发展了相关商业产品。目前共有六种标准的 GLARE 产品，其组成见表 6.1。

图 6.2　由 GLARE 3 制造而成的 A380 机身上拱顶

表 6.1　标准 GLARE 层板组成

GLARE 牌号		铝合金牌号	铝合金层厚/mm	纤维预浸料铺层方向
GLARE 1	—	7075－T761	0.2～0.5	0/0
GLARE 2	GLARE 2A	2024－T3	0.2～0.5	0/0
	GLARE 2B	2024－T3	0.2～0.5	90/90

续表6.1

GLARE 牌号	铝合金牌号	铝合金层厚/mm		纤维预浸料铺层方向
GLARE 3	—	2024－T3	0.2～0.5	0/90
GLARE 4	GLARE 4A	2024－T3	0.2～0.5	0/90/0
	GLARE 4B	2024－T3	0.2～0.5	90/0/90
GLARE 5	—	2024－T3	0.2～0.5	0/90/90/0
GLARE 6	GLARE 6A	2024－T3	0.2～0.5	＋45/－45
	GLARE 6B	2024－T3	0.2～0.5	－45/＋45

6.2　纤维增强金属层板疲劳裂纹扩展唯象模型

一些学者报道了 ARALL、GLARE 和其他纤维金属层板的疲劳裂纹扩展行为的观测结果和疲劳裂纹扩展速率的预测方法。不同于各向同性的金属材料,纤维金属层板的疲劳裂纹扩展速率的预测需要首先解决分层扩展问题,包括分层形状与分层扩展速率计算。同时,由于制备纤维金属层板采用热压固化工艺,还需要考虑残余热应力的影响,以及消除残余应力的方法。纤维金属层板疲劳裂纹扩展速率主要预测方法为唯象方法。

Toi 通过引入一个修正因子 β_{FML},并基于单层铝合金板的裂纹尖端应力强度因子,得到了 GLARE 裂纹尖端应力强度因子:

$$\Delta K_{\text{GLARE}} = \beta_{\text{FML}} \beta_{\text{geom}} \Delta S_{\text{applied}} \sqrt{\pi a} \tag{6.1}$$

式中,β_{geom} 为几何形状修正因子;$\Delta S_{\text{applied}}$ 为载荷增量。

Toi 使用多项式拟合将 β_{FML} 表达为半裂纹长度 a 的函数:

$$\beta_{\text{FML}} = \frac{A}{a^3} + \frac{B}{a^2} + \frac{C}{a} + D \tag{6.2}$$

参数 A、B、C、D 由含穿透裂纹的 GLARE 试件确定。但实际上,β_{FML} 不仅仅为半裂纹长度 a 的函数,一些试验结果也证实了这一点。

Takamatsu 将修正因子 β_{FML} 拓展为半裂纹长度 a 和最大加载应力 $\sigma_{\max}$ 的函数:

$$\beta_{\text{FML}} = C_0 + C_1 \ln a + C_2 \sigma_{\max} \tag{6.3}$$

参数 C_0、C_1、C_2 通过一定应力比下不同 $\sigma_{\max}$ 的试验确定。但是,

Takamatsu的 β_{FML} 拓广也没有考虑应力比、铺层方式、加热固化引起的残余应力、预拉伸、开口槽尺寸等因素的影响,这将限制其应用范围。类似的典型唯象方法还有 Takamatsu 提出的柔度法,以及 Guo、Wu 等引入恒定值代替半裂纹长度 a 的修正方法。

我国学者郭亚军、吴学仁提出了纤维金属层板等效裂纹长度 l_0 的概念,并指出 l_0 与层板的裂纹形态、几何尺寸、锯切裂纹长度和加载条件无关,只与层板的铺层有关,为材料常数。他们利用纤维金属层板疲劳裂纹稳定扩展的特性,推导出了疲劳过程中层板的有效应力强度因子方程,建立了纤维金属层板在等幅疲劳载荷下裂纹扩展速率和寿命预测的唯象模型:

$$\Delta K_{eff} = \frac{\sqrt{l_0}}{\sqrt{(a-s)+l_0/F_0^2}} \Delta S_{eff} \sqrt{\pi a} \qquad (6.4)$$

式中,ΔS_{eff} 为考虑层板残余应力的有效远场应力幅;l_0 为纤维增强金属层板等效裂纹长度;s 为锯切裂纹的长度;对于中心裂纹拉伸(CCT)试件,a 为半裂纹长度;$F_0 = F|_{a=s}$,即 $a=s$ 时试件的构型因子值,对于 CCT 试件,$F_0 = \sqrt{\sec(\pi s/w)}$,$w$ 为试件的总宽度。

郭亚军、吴学仁提出的唯象模型使得对纤维增强金属层板疲劳裂纹扩展速率的预报如同单一金属材料,仅需增加材料常数 l_0,使得该方法更适合工程应用。

郭亚军与吴学仁在经过大量疲劳试验研究后指出,纤维增强金属层板在经过一定的疲劳循环次数后,裂纹扩展和分层扩展进入稳定的状态,金属层疲劳裂纹以近似恒定的速率扩展,这是在桥接应力的控制下分层扩展与疲劳裂纹扩展相互调节的结果。他们还针对 GLARE 进行了试验验证,得到了很好的拟合结果。

郭—吴模型的基本假设为:层板经过一定的循环次数后,其有效应力强度因子幅值(即层板内金属层感受到的应力强度因子幅值 ΔK_{eff})为常数,即

$$\Delta K_{eff} = \Delta\sigma \sqrt{\pi l_0} \qquad (6.5)$$

式中,$\Delta\sigma$ 为层板内金属层感受到的有效远场应力幅;l_0 为纤维增强金属层板等效裂纹长度。其中,只有参数 l_0 待定,文献[64]中经过 2/1GLARE 中心裂纹拉伸(CCT)试件、3/2GLARE 边缘裂纹拉伸(SENT)试件在不同加载条件、不同锯切裂纹长度条件下的试验指出,郭—吴模型对 GLARE 具有很好的适用性。

6.3　非恒速扩展唯象模型的提出

在一些情况下，如 2/1 叠层结构层板，裂纹扩展到直至试件断裂，并未呈现恒速扩展。这将导致基于恒速扩展的唯象模型不再适用。因此，本章研究在郭—吴模型的基础上，提出了非恒速扩展唯象模型。

6.3.1　模型假设

考虑到层板非恒速扩展情况，提出以下假设：层板经过一定的循环次数后，其有效应力强度因子幅值（即层板内金属层感受到的应力强度因子幅值）ΔK_{eff} 为

$$\Delta K_{\mathrm{eff}} = \Delta\sigma\sqrt{\pi a}\left(\frac{\sqrt{l}}{\sqrt{a}}\right)^{n} \tag{6.6}$$

式中，$\Delta\sigma$ 为层板内金属层感受到的有效远场应力幅；n 为与层板内纤维桥接效率相关的参数，$n=1$ 时，恒速扩展，$n=0$ 时，无纤维桥接单一铝合金板疲劳裂纹加速扩展；l 为 $n=1$ 时，郭—吴唯象模型的等效裂纹长度。

6.3.2　有效应力强度因子

对于有限大板，远场应力幅 $\Delta\sigma$ 引起的层板应力强度因子幅为

$$\Delta K = F\Delta\sigma\sqrt{\pi a} \tag{6.7}$$

式中，F 为试件构型因子，对于中心裂纹拉伸（CCT）的有限大板，$F = \sqrt{\sec(\pi a/w)}$。则

$$\frac{\Delta K_{\mathrm{eff}}}{\Delta K} = \frac{1}{F}\left(\frac{\sqrt{l}}{\sqrt{a}}\right)^{n} \tag{6.8}$$

考虑含锯切裂纹情况，引入参数 C_0，则

$$\frac{\Delta K_{\mathrm{eff}}}{\Delta K} = \frac{1}{F}\left(\frac{\sqrt{l}}{\sqrt{a-C_0}}\right)^{n} \tag{6.9}$$

若 s 为锯切裂纹的长度，当 $a=s$ 时，由于无纤维桥接作用，$\dfrac{\Delta K_{\mathrm{eff}}}{\Delta K}=1$，因此

$$C_0 = s - \frac{l}{F^{\frac{2}{n}}} \tag{6.10}$$

考虑层板固化成型过程的热残余应力，层板内金属层实际感受的应力强

度因子幅值为

$$\Delta K_{\text{eff}} = \left[\frac{\sqrt{l}}{\sqrt{(a-s) + l/F_0^{\frac{2}{n}}}} \right]^n \Delta\sigma_{\text{Al}} \sqrt{\pi a} \qquad (6.11)$$

即

$$\Delta K_{\text{eff}} = \left[\frac{\sqrt{l}}{\sqrt{(a-s) + l/F_0^{\frac{2}{n}}}} \right]^n \frac{E_{\text{Al}}}{E_{\text{la}}} \Delta\sigma \sqrt{\pi a} \qquad (6.12)$$

式中,E_{la},E_{Al} 分别为层板及其组分铝合金的弹性模量;$\Delta\sigma_{\text{Al}}$ 为层板内金属层实际承受的远场应力幅;l、n 为材料常数,其值可通过一定应力比的疲劳裂纹扩展试验确定。

与郭-吴模型一样,本模型不需要计算层板的桥接应力与分层扩展,将基于纤维增强金属层板的稳定扩展特性的恒速扩展唯象模型,拓展为可适用于非恒速扩展情况。但是,这里给出的应力强度因子,未考虑铝合金疲劳裂纹扩展的应力比效应与压载荷效应。因此,下面建立纤维增强铝合金层板疲劳裂纹扩展速率模型,需要引入应力比效应与压载荷效应参数。

6.3.3　有效循环应力比

按照 GB/T 6398—2017,ΔK 可以由最大加载载荷 σ_{max} 和最小应力 σ_{min} 计算得到。但是,由于在纤维增强金属层板固化成型过程中金属层与纤维树脂层均存在残余的热应力,通常金属层受残余拉应力,纤维树脂层受残余压应力。

若层板加载循环应力为 σ_0,纤维增强铝合金层板组分金属铝合金实际承受的远场应力为零,即

$$\frac{\sigma_0}{E_{\text{la}}} E_{\text{Al}} + \sigma_{\text{r,Al}} = 0 \qquad (6.13)$$

式中,$\sigma_{\text{r,Al}}$ 为层板中铝合金层的残余应力。

因此,在拉-拉加载下,纤维增强金属层板疲劳过程的有效循环应力比是指在考虑金属层残余应力影响后,层板组分金属实际承受的循环应力比 R_{C}:

$$R_{\text{C}} = \frac{\sigma_{\text{min}} - \sigma_0}{\sigma_{\text{max}} - \sigma_0} \qquad (6.14)$$

拉-拉加载下,$R > 0$,最大远场拉应力和最小远场拉应力为

$$\sigma_{\text{max,Al}} = \frac{E_{\text{Al}}}{E_{\text{la}}} \sigma_{\text{max}} + \sigma_{\text{r,Al}} \qquad (6.15)$$

$$\sigma_{\min,\mathrm{Al}} = \frac{E_{\mathrm{Al}}}{E_{\mathrm{la}}}\sigma_{\min} + \sigma_{\mathrm{r,Al}} \tag{6.16}$$

层板内金属层实际承受的远场应力幅为

$$\Delta\sigma_{\mathrm{Al}} = \sigma_{\min,\mathrm{Al}} - \sigma_{\max,\mathrm{Al}} = \frac{E_{\mathrm{Al}}}{E_{\mathrm{la}}}\Delta\sigma \tag{6.17}$$

6.4 纤维增强铝合金层板疲劳裂纹扩展速率唯象预测模型的建立

6.4.1 拉－拉加载下的预测模型

本节为了分析纤维增强铝合金层板疲劳裂纹扩展的应力比效应并给出定量描述,利用纤维增强金属层板疲劳裂纹扩展速率预测的唯象方法和增量塑性损伤理论假设,对拉－拉循环加载下纤维增强铝合金层板的疲劳裂纹扩展速率进行推导分析,给出应力比效应因子,具体推导过程如下。

根据 Irwin 模型,在小范围屈服及平面应力的条件下,对于铝合金材料,裂纹尖端的最大正向塑性区尺寸 $\rho_{\max}$ 为

$$\rho_{\max} = \frac{1}{\pi}\frac{K_{\max}^2}{\sigma_{\mathrm{ys}}^2} \tag{6.18}$$

最大反向塑性区尺寸为

$$\rho_{\mathrm{r}} = \frac{1}{4\pi}\frac{K_{\max}^2}{\sigma_{\mathrm{ys}}^2} \tag{6.19}$$

式中,σ_{ys} 为铝合金材料的屈服强度。

纤维增强铝合金层板组分铝合金层裂纹尖端的正向塑性区尺寸 ρ_{Al} 表达式为

$$\rho_{\mathrm{Al}} = \frac{1}{\pi}\left(\frac{K_{\mathrm{eff}}}{\sigma_{\mathrm{ys}}}\right)^2 \tag{6.20}$$

式中,K_{eff} 为循环加载中的有效应力强度因子,为加载应力的函数,由线弹性断裂力学,K_{eff} 可以表达为

$$K_{\mathrm{eff}} = \sigma_{\mathrm{eff}}\sqrt{\pi a} \tag{6.21}$$

纤维增强铝合金层板组分铝合金层裂纹尖端的拉载荷卸载反向塑性区尺寸 $\rho_{\mathrm{r,Al}}$ 表达式为

$$\rho_{r,Al} = \frac{1}{4\pi}\left(\frac{\Delta K_{eff}}{\sigma_{ys}}\right)^2 \tag{6.22}$$

根据式(2.13),疲劳裂纹扩展速率可以表达为

$$\frac{da}{dN} = \int_0^{S_{max}} \left(\frac{da}{d\rho_{Al}} \cdot \frac{d\rho_{Al}}{dS}\right) \cdot dS \tag{6.23}$$

令式(2.13)中 $\rho = \rho_{Al}$,$\rho_r = \rho_{r,Al}$,并将式(6.22)代入式(2.13),有

$$\frac{da}{dN} = \int_{\rho_{Al,min}}^{\rho_{Al,max}} B(\rho_{Al})^\alpha \left[\frac{1}{4\pi}\left(\frac{\Delta K_{eff}}{\sigma_{ys}}\right)^2\right]^\beta d\rho_{Al} \tag{6.24}$$

因此,有

$$\frac{da}{dN} = \frac{B}{\alpha+1}(\rho_{Al,max}^{\alpha+1} - \rho_{Al,min}^{\alpha+1})\left[\frac{1}{4\pi}\left(\frac{\Delta K_{eff}}{\sigma_{ys}}\right)^2\right]^\beta \tag{6.25}$$

将式(6.20)代入式(6.25),有

$$\frac{da}{dN} = \frac{B}{\alpha+1}\left(\frac{1}{\pi}\right)^{\alpha+\beta+1}\left(\frac{1}{\sigma_{ys}}\right)^{2(\alpha+\beta+1)}(K_{max,eff}^{2(\alpha+1)} - K_{min,eff}^{2(\alpha+1)})\Delta K_{eff}^{2\beta} \tag{6.26}$$

$K_{max,eff}$、$K_{min,eff}$ 与 R_C 的关系式为

$$K_{max,eff} = \frac{K_{max,eff} - K_{min,eff}}{1 - R_C} = \frac{1}{1 - R_C}\Delta K_{eff} \tag{6.27}$$

$$K_{max,eff} = R_C\frac{K_{max,eff} - K_{min,eff}}{1 - R_C} = \frac{R_C}{1 - R_C}\Delta K_{eff} \tag{6.28}$$

因此,有

$$\frac{da}{dN} = \left(\frac{1}{4}\right)^\beta \frac{B}{\alpha+1}\frac{1}{\sigma_{ys}^{2(\beta+\alpha+1)}}\left(\frac{1}{\pi}\right)^{\beta+\alpha+1}\frac{1 - R_C^{2(\alpha+1)}}{(1 - R_C)^{2(\alpha+1)}}\Delta K_{eff}^{2(\beta+\alpha+1)} \tag{6.29}$$

对于铝合金单板 $\Delta K_{eff} = \Delta K$,当应力比 $R = 0$ 时,

$$\frac{da}{dN} = \left(\frac{1}{4}\right)^\beta \frac{B}{\alpha+1}\frac{1}{\sigma_{ys}^{2(\beta+\alpha+1)}}\left(\frac{1}{\pi}\right)^{\beta+\alpha+1}K_{max}^{2(\beta+\alpha+1)} \tag{6.30}$$

可化为 Paris 方程:

$$\frac{da}{dN} = C(\Delta K)^m \tag{6.31}$$

相应的 Paris 公式参数 C、m 分别为

$$C = \left(\frac{1}{4}\right)^\beta \frac{B}{\alpha+1}\frac{1}{\sigma_{ys}^{2(\beta+\alpha+1)}}\left(\frac{1}{\pi}\right)^{\beta+\alpha+1} \tag{6.32}$$

$$m = 2(\beta + \alpha + 1) \tag{6.33}$$

因此,纤维增强铝合金层板在拉-拉循环加载下疲劳裂纹扩展速率为

$$\frac{da}{dN} = C_R C\ (\Delta K_{eff})^m \tag{6.34}$$

式中,参数 C_R 反映了应力比 R 对疲劳裂纹扩展速率的贡献:

$$C_R = \frac{1 - \left(\dfrac{R\sigma_{\max} - \sigma_0}{\sigma_{\max} - \sigma_0}\right)^{2(\alpha+1)}}{\left[1 - \left(\dfrac{R\sigma_{\max} - \sigma_0}{\sigma_{\max} - \sigma_0}\right)\right]^{2(\alpha+1)}} \tag{6.35}$$

6.4.2 拉－压循环加载下铝合金层板疲劳裂纹扩展速率预测模型的建立

增量塑性损伤理论的关键是解决加载状态与塑性区尺寸的关系。但是,纤维增强金属层板固化成型后存在残余热应力,使得层板内金属层在外载荷为零时处于受拉状态。因此,要建立拉－压循环加载下纤维增强铝合金层板疲劳裂纹扩展速率预测模型,首先要准确描述存在残余应力的情况下,层板内金属层的有效加载状态,给出有效的循环应力比,进而应用层板疲劳裂纹扩展预测的唯象方法给出金属层实际的加载状态与其塑性区尺寸的关系,再通过塑性损伤理论推导疲劳裂纹扩展速率。

1. 拉－压循环加载下的有效循环应力比 R_C

在唯象方法中,假设当 $\sigma_{\min} < \sigma_0$ 时,$R_C = 0$,即忽略压载荷对疲劳裂纹扩展速率的影响。而在本书研究中,取消这一假设,规定在拉－压循环加载下,若加载的最大压载荷为 σ_{maxcom},则

$$R_C = \frac{\sigma_{\mathrm{maxcom}} - \sigma_0}{\sigma_{\max} - \sigma_0} \tag{6.37}$$

若考虑残余应力的影响,则铝合金层有效的远场最大压载荷 $\sigma_{\mathrm{maxcom,Al}}$ 为

$$\sigma_{\mathrm{maxcom,Al}} = \frac{E_{\mathrm{Al}}}{E_{\mathrm{la}}}\sigma_{\mathrm{maxcom}} + \sigma_{\mathrm{r,Al}} \tag{6.38}$$

这表明,在拉－压循环加载下,对于纤维增强铝合金层板的金属层,只有当 $\sigma_{\mathrm{maxcom}} < -\dfrac{E_{\mathrm{la}}}{E_{\mathrm{Al}}}\sigma_{\mathrm{r,Al}}$ 时,才开始受压。

分为两种情况讨论:

(1) 若 $\sigma_{\mathrm{maxcom,Al}} > 0$,即 $\sigma_{\mathrm{maxcom}} > -\dfrac{E_{\mathrm{la}}}{E_{\mathrm{Al}}}\sigma_{\mathrm{r,Al}}$

$$R_C = \frac{\sigma_{\mathrm{maxcom}} - \sigma_0}{\sigma_{\max} - \sigma_0} > 0$$

$$\Delta\sigma_{\mathrm{Al}} = \sigma_{\max,\mathrm{Al}} - \sigma_{\mathrm{maxcom,Al}} = \frac{E_{\mathrm{Al}}}{E_{\mathrm{la}}}(\sigma_{\max} - \sigma_{\mathrm{maxcom}}) \tag{6.39}$$

（2）若 $\sigma_{maxcom,Al} < 0$，即 $\sigma_{maxcom} < -\dfrac{E_{la}}{E_{Al}}\sigma_{r,Al}$

$$R_C = \frac{\sigma_{maxcom} - \sigma_0}{\sigma_{max} - \sigma_0} < 0$$

$$\Delta\sigma_{Al} = \sigma_{max,Al} = \frac{E_{Al}}{E_{la}}\sigma_{max} + \sigma_{r,Al} \tag{6.40}$$

2. 预测模型建立

本节为了分析纤维增强铝合金层板疲劳裂纹扩展的压载荷效应并给出定量描述，利用纤维增强金属层板疲劳裂纹扩展速率预测的唯象方法和增量塑性损伤理论假设，对拉－压循环加载下纤维增强铝合金层板的疲劳裂纹扩展速率进行推导分析，给出压载荷效应因子，具体推导过程如下。

基于 Irwin 模型，在小范围屈服及平面应力的条件下，拉－压循环加载下，即应力比 $R < 0$ 的最大反向塑性区尺寸为

$$\rho_r = \frac{1}{4\pi}\left(1 - \gamma\frac{\sigma_{maxcom}}{\sigma_{ys}}\right)\frac{K_{max}^2}{\sigma_{ys}^2} \tag{6.41}$$

式中，σ_{ys} 为铝合金材料的屈服强度；γ 为与包辛格效应有关的材料常数，对于理想弹塑性材料，不考虑包辛格效应，经弹塑性有限元计算，γ 值为 1.8。

在拉－压循环加载下，对于纤维增强铝合金层板有两种情况：

（1）当 $\sigma_{max} < \sigma_0$ 时。

裂纹不扩展。

（2）当 $\sigma_{max} > \sigma_0$ 时。

根据式（6.12），对于纤维增强铝合金层板，最大有效应力强度因子幅为

$$\Delta K_{eff} = \left[\frac{\sqrt{l}}{\sqrt{(a-s) + l/F_0^{\frac{2}{n}}}}\right]^n \frac{E_{Al}}{E_{la}}(\sigma_{max} - \sigma_0)\sqrt{\pi a} \tag{6.42}$$

因此，将 K_{max} 替换为 $K_{max,eff}$ 可以得到纤维增强铝合金层板铝合金层裂纹尖端的最大正向塑性区尺寸 ρ_{max}。

下面分两种情况推导在拉－压加载下纤维增强铝合金层板疲劳裂纹扩展速率预测方程。

① 当 $\sigma_{max} \geqslant \sigma_0$，且 $\sigma_{maxcom} \geqslant \sigma_0$，即 $R_C \geqslant 0$ 时。

$$K_{min,eff} = \left[\frac{\sqrt{l}}{\sqrt{(a-s) + l/F_0^{\frac{2}{n}}}}\right]^n \frac{E_{Al}}{E_{la}}(\sigma_{maxcom} - \sigma_0)\sqrt{\pi a} \tag{6.43}$$

纤维增强金属层板的疲劳裂纹扩展速率为

$$\frac{\mathrm{d}a}{\mathrm{d}N} = \frac{1 - R_{\mathrm{C}}^{2(\alpha+1)}}{(1 - R_{\mathrm{C}})^{2(\alpha+1)}} C \left\{ \left[\frac{\sqrt{l}}{\sqrt{(a-s) + l/F_0^{\frac{2}{n}}}} \right]^n \frac{E_{\mathrm{Al}}}{E_{\mathrm{la}}} (\sigma_{\max} - \sigma_{\mathrm{maxcom}}) \sqrt{\pi a} \right\}^m$$

$$(6.44)$$

式(6.44)为 $R < 0$，$R_{\mathrm{C}} \geqslant 0$ 条件下，纤维增强铝合金层板疲劳裂纹扩展速率预测模型。在此条件下该预测模型与唯象方法具有相同的形式。

② 当 $\sigma_{\max} > \sigma_0$，且 $\sigma_{\mathrm{maxcom}} < \sigma_0$，即 $R_{\mathrm{C}} < 0$，$K_{\min,\mathrm{eff}} = 0$ 时。

将式(6.20)中 $K_{\max}$ 替换为 $K_{\max,\mathrm{eff}}$、$\sigma_{\max,\mathrm{com}}$ 替换为 $\sigma_{\mathrm{maxcom,Al}}$，得到 $R_{\mathrm{C}} < 0$ 时最大反向塑性区尺寸：

$$\rho_{\mathrm{r,Al}} = \frac{1}{4} \left(1 - \gamma \frac{\sigma_{\mathrm{maxcom,Al}}}{\sigma_{\mathrm{ys}}} \right) \frac{K_{\max,\mathrm{eff}}^2}{\sigma_{\mathrm{ys}}^2}$$

$$(6.45)$$

疲劳裂纹扩展速率为

$$\frac{\mathrm{d}a}{\mathrm{d}N} = \int_0^{\rho_{\max}} B \left[\frac{1}{4} \left(1 - \gamma \frac{\sigma_{\mathrm{maxcom,Al}}}{\sigma_{\mathrm{ys}}} \right) \frac{K_{\max,\mathrm{eff}}^2}{\sigma_{\mathrm{ys}}^2} \right]^\beta \rho^\alpha \mathrm{d}\rho$$

$$(6.46)$$

$$\frac{\mathrm{d}a}{\mathrm{d}N} = B \left(\frac{1}{4} \left[1 - \gamma \frac{\sigma_{\mathrm{maxcom,Al}}}{\sigma_{\mathrm{ys}}} \right) \frac{K_{\max,\mathrm{eff}}^2}{\sigma_{\mathrm{ys}}^2} \right]^\beta \frac{\rho_{\max,\mathrm{Al}}^{\alpha+1}}{\alpha+1}$$

$$(6.47)$$

将式(6.20)中 $K_{\max}$ 替换为 $K_{\max,\mathrm{eff}}$，得到最大的正向塑性区尺寸 $\rho_{\max,\mathrm{Al}}$，将其代入式(6.47)，有

$$\frac{\mathrm{d}a}{\mathrm{d}N} = \left(\frac{1}{4} \right)^\beta \left(\frac{1}{\sqrt{\pi} \sigma_{\mathrm{ys}}} \right)^{2(\alpha+\beta+1)} \frac{B}{\alpha+1} \left(1 - \gamma \frac{\sigma_{\mathrm{maxcom,Al}}}{\sigma_{\mathrm{ys}}} \right)^\beta K_{\max,\mathrm{eff}}^{2(\alpha+\beta+1)}$$

$$(6.48)$$

因此，当 $R_{\mathrm{C}} < 0$ 时，基于增量塑性损伤理论与唯象方法推导得到的纤维增强铝合金层板疲劳裂纹扩展速率预测模型为式(6.48)。该模型特点为：同时对多组试验数据进行线性拟合，不同拟合方程具有相同的斜率 a，不同的截距 b。同时，拟合参数应考虑全体样本数据与预测值的偏差。根据本模型特点与最小二乘法基本原则，方差为

$$\frac{\mathrm{d}a}{\mathrm{d}N} = \lambda_{\mathrm{com}} C \left\{ \left[\frac{\sqrt{l}}{\sqrt{(a-s) + l/F_0^{\frac{2}{n}}}} \right]^n \left(\frac{E_{\mathrm{Al}}}{E_{\mathrm{la}}} \sigma_{\max} - \sigma_{\mathrm{r,Al}} \right) \sqrt{\pi a} \right\}^m$$

$$(6.49)$$

式中，$\lambda_{\mathrm{com}} = \left[1 - \gamma \dfrac{\dfrac{E_{\mathrm{Al}}}{E_{\mathrm{la}}} \sigma_{\mathrm{maxcom}} + \sigma_{\mathrm{r,Al}}}{\sigma_{\mathrm{ys}}} \right]^\beta$；$C$、$m$、$\beta$ 为层板组分金属的疲劳裂纹扩

展常数，可通过组分金属的疲劳裂纹扩展试验确定；l 为一定铺层形式层板的疲劳裂纹扩展常数，可通过层板疲劳裂纹扩展试验确定。

式(6.49)中因子 λ_{com} 反映了纤维增强铝合金层板疲劳裂纹扩展的压载荷

效应。这表明当有效循环应力比 $R_c < 0$ 时,抵消残余拉应力后剩余的压载荷部分对纤维增强铝合金层板的金属层存在塑性损伤,因而这部分压载荷对纤维增强铝合金层板疲劳裂纹扩展仍存在影响。

综合考虑应力比效应与压载荷效应,纤维增强铝合金层板疲劳裂纹扩展速率可以按以下方法计算:

$$\frac{\mathrm{d}a}{\mathrm{d}N} = C_R C \left\{ \left[\frac{\sqrt{l}}{\sqrt{(a-s)+l/F_0^{\frac{2}{n}}}} \right]^n \frac{E_{\mathrm{Al}}}{E_{\mathrm{la}}} \Delta\sigma\sqrt{\pi a} \right\}^m, \quad R \geqslant 0 \quad (6.50\mathrm{a})$$

$$\frac{\mathrm{d}a}{\mathrm{d}N} = C_R C \left\{ \left[\frac{\sqrt{l}}{\sqrt{(a-s)+l/F_0^{\frac{2}{n}}}} \right]^n \frac{E_{\mathrm{Al}}}{E_{\mathrm{la}}} (\sigma_{\max} - \sigma_{\mathrm{maxcom}})\sqrt{\pi a} \right\}^m, \quad R < 0, R_c > 0$$

$$(6.50\mathrm{b})$$

$$\frac{\mathrm{d}a}{\mathrm{d}N} = \lambda_{\mathrm{com}} C \left\{ \left[\frac{\sqrt{l}}{\sqrt{(a-s)+l/F_0^{\frac{2}{n}}}} \right]^n \left(\frac{E_{\mathrm{Al}}}{E_{\mathrm{la}}} \sigma_{\max} - \sigma_{\mathrm{r,Al}} \right)\sqrt{\pi a} \right\}^m, \quad R < 0, R_C < 0$$

$$(6.50\mathrm{c})$$

6.5 层板模型参数拟合方法

6.5.1 三参数最小二乘线性拟合法

本书建立的考虑应力比与压载荷效应的拉－拉与拉－压疲劳裂纹扩展速率预测模型均为三变量 $R - \frac{\mathrm{d}a}{\mathrm{d}N} - \Delta K$ 方程,方程需要拟合的参数也有三个,即 C、m、α 或 C、m、β。而针对两参数 $y = b + ax$ 型的最小二乘法不能直接用于本书建立的三参数疲劳裂纹扩展速率预测模型,需要根据模型特点,建立模型参数 C、m、α、β 的拟合方法。

本书建立的拉－拉与拉－压疲劳裂纹扩展速率预测模型均可表达为

$$\frac{\mathrm{d}a}{\mathrm{d}N} = C'(\Delta K)^m \quad (6.51)$$

式中,对于不同应力比情况,$\varepsilon_{t=0.5}^{\mathrm{p}}$ 值不同。式(6.51)两边取对数可得

$$\lg\frac{\mathrm{d}a}{\mathrm{d}N} = m\Delta K + \lg C' \quad (6.52)$$

$$Q = \sum_{p=1}^{N} \sum_{i=1}^{n_p} (y_{p,i} - b_p - ax_{p,i})^2 \quad (6.53)$$

式中，p 代表不同应力比条件试验组；Q 为不同试验组测量值与预测值方差的总和。

依据最小二乘法原则，可合理假设：最优拟合应使其参数满足 Q 最小，即

$$\frac{\partial Q}{\partial a} = \sum_{p=1}^{t} \frac{\partial \sum_{i=1}^{n_p} (y_{p,i} - b_p - a x_{p,i})^2}{\partial a} = \sum_{p=1}^{t} \sum_{i=1}^{n_p} 2(y_{p,i} - b_p - a x_{p,i})(-x_{p,i}) = 0$$

$$(6.54)$$

$$\frac{\partial Q}{\partial b_p} = \frac{\partial \sum_{p=1}^{t} \sum_{i=1}^{n_p} (y_{p,i} - b_p - a x_{p,i})^2}{\partial b_p} = \frac{\partial \sum_{i=1}^{n_p} (y_{p,i} - b_p - a x_{p,i})^2}{\partial b_p} = 0$$

$$(6.55)$$

因此，

$$b_p = \overline{y_p} - a \overline{x_p}, \quad p = 1,2,3,\cdots,t \tag{6.56a}$$

$$a = \frac{\sum_{p=1}^{t} n_p (\overline{x_p y_p} - \overline{x_p}\, \overline{y_p})}{\sum_{p=1}^{t} n_p (\overline{x_p^2} - \overline{x_p}^2)} \tag{6.56b}$$

式中，n_p 为第 p 组试验数据样本大小。

6.5.2　模型参数拟合

为了预测在不同应力比下铝合金疲劳裂纹扩展速率和拟合模型参数，需要进行疲劳裂纹扩展试验，获得各个应力比 R 下的半裂纹长度 $\{a_j\}$、循环次数 $\{N_j\}$ 数据。

首先对疲劳裂纹扩展试验 $a - N$ 数据进行处理，计算和构造不同应力比 R_p 下的 $\left[\left(\frac{\mathrm{d}a}{\mathrm{d}N}\right)_{p,i}, (K_{\max})_{p,i}\right]$ 数据对，其中 p 代表不同应力比下试验组序号。

1. 构造 $\left[\left(\frac{\mathrm{d}a}{\mathrm{d}N}\right)_{p,i}, (K_{\max})_{p,i}\right]$ 数据对

对于某一应力比 R 的疲劳裂纹扩展试验中获得的半裂纹长度 $\{a_j\}$、循环次数 $\{N_j\}$ 数据，采用两点法（割线法）计算 $\left(\frac{\mathrm{d}a}{\mathrm{d}N}\right)_{p,i}$，计算方法如下：

$$\left(\frac{\mathrm{d}a}{\mathrm{d}N}\right)_{p,i} = \frac{a_{j+1} - a_j}{N_{j+1} - N_j}, \quad j = i = 1,2,\cdots \tag{6.57}$$

并用下式求得最大应力强度因子 K_j：

$$a_i = \frac{a_{j+1} + a_j}{2}, \quad j = i = 1, 2, \cdots \tag{6.58}$$

$$K_{\max,i} = \frac{P_{\max}}{B} \sqrt{\left(\frac{\pi \alpha_i}{2W}\right) \sec \frac{\pi \alpha_i}{2}}, \quad \alpha_i = 2a_i/W \tag{6.59}$$

式中，$P_{\max}$ 为施加的最大应力；W 为试件宽度。

通过以上计算，得到数据对 $\left[\left(\dfrac{\mathrm{d}a}{\mathrm{d}N}\right)_{p,i}, (K_{\max})_{p,i}\right]$。

假设不同应力比的疲劳裂纹扩展速率均满足式(6.50)，首先将本模型化为 Paris 方程：

$$\frac{\mathrm{d}a}{\mathrm{d}N} = C'(\Delta K)^m \tag{6.60}$$

对式(6.60)两边同时取以 10 为底对数，则

$$\lg \frac{\mathrm{d}a}{\mathrm{d}N} = \lg C' + m \lg \Delta K \tag{6.61}$$

将 $\lg \dfrac{\mathrm{d}a}{\mathrm{d}N}$、$\lg(\Delta K)$ 作为变量，$\lg C'$ 作为待拟合参数，则式(6.61) 化为 $y = b + ax$ 型直线方程，可对其参数 m、$\lg C'$ 应用最小二乘法进行线性拟合。

2. 将试验数据对 $\left[\left(\dfrac{\mathrm{d}a}{\mathrm{d}N}\right)_{p,i}, (K_{\max})_{p,i}\right]$ **取对数化为** $\left[\lg\left(\dfrac{\mathrm{d}a}{\mathrm{d}N}\right)_{p,i}, \lg(K_{\max})_{p,i}\right]$

基本的最小二乘法是以预测模型预测值与试验获得测量值的离差的平方和最小为目标，即当预测模型为 $y = b + ax$ 时，要求离差的平方和 $Q = \sum\limits_{i=1}^{n} (y_i - b - ax_i)^2$ 最小，表达式为

$$Q = \sum_{p=1}^{N} \sum_{i=1}^{n_j} \left[\lg\left(\frac{\mathrm{d}a}{\mathrm{d}N}\right)_{p,i} - (\lg C')_p - m \lg(\Delta K)_{p,i}\right]^2 \tag{6.62}$$

式中，p 指共在 p 个应力比下进行试验。

$$\begin{cases} \dfrac{\partial Q}{\partial m} = 0 \\[2mm] \dfrac{\partial Q}{\partial (\lg C')_p} = 0 \end{cases} \tag{6.63}$$

因此，

$$m = \frac{\sum_{p=1}^{N} n_p \left[\overline{\lg\left(\frac{da}{dN}\right)_p \lg(\Delta K)_p} - \overline{\lg\left(\frac{da}{dN}\right)_p} \, \overline{\lg(\Delta K)_p} \right]}{\sum_{p=1}^{N} n_p \left[\overline{\lg^2(\Delta K)_p} - \overline{\lg(\Delta K)_p^2} \right]} \tag{6.64}$$

则

$$(\lg C')_p = \overline{\lg\left(\frac{da}{dN}\right)_p} - m \, \overline{\lg(\Delta K)_p} \tag{6.65}$$

在拉－拉循环加载下,模型参数 α 满足方程

$$C'_p = \frac{1 - R_p^{2(\alpha+1)}}{(1 - R_p)^{2(\alpha+1)}} C \tag{6.66}$$

对于本章研究中针对铝合金材料所进行两个应力比 $R_1 = 0.06$ 与 $R_2 = 0.5$ 的试验数据,有

$$\frac{C'_2}{C'_1} = \frac{\dfrac{1 - 0.5^{2(\alpha+1)}}{(1-0.5)^{2(\alpha+1)}}}{\dfrac{1 - 0.06^{2(\alpha+1)}}{(1-0.06)^{2(\alpha+1)}}}$$

可通过求解以 α 为变量的方程的数值解,得到参数 α 的值。

$$C'_p = \left(1 - \gamma \frac{\sigma_{\text{maxcom}}}{\sigma_{\text{ys}}}\right)^{\beta} C \tag{6.67}$$

对式(6.67)两边同时取以 10 为底对数,则

$$\beta = \frac{\lg \dfrac{C'}{C}}{\lg\left(1 - \gamma \dfrac{\sigma_{\text{maxcom}}}{\sigma_{\text{ys}}}\right)} \tag{6.68}$$

通过 $R > 0$ 的 2/1 层板与 3/2 层板疲劳裂纹扩展试验数据,计算特征长度参数 l_0。由模型可以得到应力比 $R > 0$ 时的疲劳裂纹扩展速率方程,并可以将其转化为线性方程:

$$\left(\frac{\dfrac{E_{\text{Al}}}{E_{\text{la}}}\Delta\sigma\sqrt{\pi a}}{\sqrt[m]{\dfrac{1}{C}\dfrac{1}{C_R}\dfrac{da}{dN}}}\right)^{\frac{2}{n}} = \frac{1}{l_0}(a - s) + \frac{1}{F_0^{\frac{2}{n}}} \tag{6.69}$$

式(6.69)为 $Y = kX + b$ 型直线方程,其中斜率 $k = \dfrac{1}{l_0}$,$Y = \left(\dfrac{\dfrac{E_{\text{Al}}}{E_{\text{la}}}\Delta\sigma\sqrt{\pi a}}{\sqrt[m]{\dfrac{1}{C}\dfrac{1}{C_R}\dfrac{da}{dN}}}\right)^{\frac{2}{n}}$,为无量纲数值,$X = a - s$。首先采用最小二乘法,拟合直线

方程 $Y=kX+b$，以相关系数 R 最大为条件，通过数值方法获得参数 n 的数值；再根据拟合的直线方程，获得参数 k 和参数 l。

图 6.3(a) 和图 6.3(b) 所示为计算的 l_0。参数 m、C、C_R 可以通过层板组分金属铝合金单板疲劳裂纹扩展试验得到。铝合金单板的疲劳裂纹扩展 Paris 公式参数以及本书提出的应力比效应参数见表 6.2 ～ 6.4。

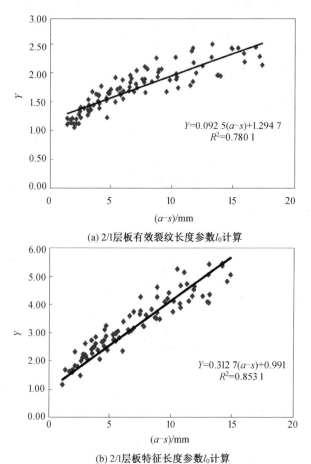

(a) 2/1层板有效裂纹长度参数l_0计算

(b) 2/1层板特征长度参数l_0计算

图 6.3   模型参数计算

表 6.2   玻璃纤维树脂材料常数

组分材料	厚度 /mm	弹性模量 E/GPa	屈服强度 σ_{ys}/MPa	热膨胀系数 α/℃$^{-1}$
铝合金层	1	72.4	369	22×10^{-6}
玻璃纤维树脂层	0.5	55.5	—	6.1×10^{-6}

表 6.3　铝合金疲劳裂纹扩展常数

C	m	α	β
7×10^{-8}	3.20	-0.18	0.78

注:按以上参数,疲劳裂纹扩展速率的单位为 mm/周。

表 6.4　玻璃纤维增强铝合金层板的力学性能计算结果

层板 类型	弹性模量 E_{fm}/GPa	层板内残余应力		l_0 /mm	σ_0 /MPa
		铝合金层 $\sigma_{r,Al}$/MPa	纤维树脂层 $\sigma_{r,G}$/MPa		
3/2 层板	68.18	28.11	-84.34	3.25	-26.47
2/1 层板	69.02	22.22	-88.86	10.28	-21.1788

6.6　模型有效性分析

6.6.1　铝合金疲劳裂纹扩展速率

根据前文建立的层板预测模型,对于铝合金单板,疲劳裂纹扩展速率方程可以分两种情况表达:

$$\mathrm{d}a/\mathrm{d}N = \begin{cases} C_R C(\Delta K)^m, & R \geqslant 0 \\ \lambda_{\mathrm{com}} C(K_{\max})^m, & R < 0 \end{cases} \tag{6.70}$$

式中,$C_R = \dfrac{1-R^{2(\alpha+1)}}{(1-R)^{2(\alpha+1)}}$,$\lambda_{\mathrm{com}} = \left(1 - \gamma \dfrac{\sigma_{\mathrm{maxcom}}}{\sigma_{ys}}\right)^\beta$,反映了铝合金疲劳裂纹扩展的应力比效应与压载荷效应。

1. 应力比效应分析

若应力比 $R=0.5$ 与 $R=0.06$ 两组试验在相同加载应力幅 $\Delta\sigma$、相同裂纹长度的条件下,则有

$$\frac{\left(\dfrac{\mathrm{d}a}{\mathrm{d}N}\right)_{R=0.5}}{\left(\dfrac{\mathrm{d}a}{\mathrm{d}N}\right)_{R=0.06}} = \frac{1-\left(\dfrac{0.5\sigma_{\max}-\sigma_0}{\sigma_{\max}-\sigma_0}\right)^{2(\alpha+1)}}{\left[1-\left(\dfrac{0.5\sigma_{\max}-\sigma_0}{\sigma_{\max}-\sigma_0}\right)\right]^{2(\alpha+1)}} \frac{\left[1-\left(\dfrac{0.06\sigma_{\max}-\sigma_0}{\sigma_{\max}-\sigma_0}\right)\right]^{2(\alpha+1)}}{1-\left(\dfrac{0.06\sigma_{\max}-\sigma_0}{\sigma_{\max}-\sigma_0}\right)^{2(\alpha+1)}}$$

$$\tag{6.71}$$

图 6.4 给出了一定加载条件下,C_R 取值的算例,考察不同参数 α 对应力比

效应因子 C_R 的影响。对给定层板,参数 σ_0 为固定值,这里取 $\sigma_0 = 50$ MPa,由图 6.4 可见,随着 α 值的增加,应力比促进疲劳裂纹扩展效应更加明显。参数 α 的合理取值,可以使参数 C_R 反映应力比对纤维增强铝合金层板疲劳裂纹扩展速率的影响。

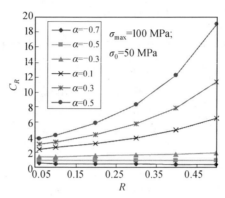

图 6.4　不同参数 α 对应力比效应因子 C_R 的影响

2. 压载荷效应分析

在拉－压循环加载下,$R < 0$,分两种情况讨论,即 $R_C > 0$ 与 $R_C < 0$。

(1) $R_C > 0$。

若 $\sigma_{\text{maxcom}} > -\dfrac{E_{\text{la}}}{E_{\text{Al}}}\sigma_{\text{r,Al}}$,$R = -1$,其有效循环应力比为 $R_{C,R=-1} = \dfrac{\sigma_{\text{maxcom}} - \sigma_0}{\sigma_{\text{max}} - \sigma_0}$,与 $R = 0.06$ 相比,其有效循环应力比为 $R_{C,R=0.06} = \dfrac{0.06\sigma_{\text{max}} - \sigma_0}{\sigma_{\text{max}} - \sigma_0}$,可见 $R_{C,R=0.06} > R_{C,R=-1}$,则 $C_{R(R=0.06)} > C_{R(R=-1)}$。

$$\left(\frac{\mathrm{d}a}{\mathrm{d}N}\right)_{R=-1,R_C>0} = C_R C\left[\frac{\sqrt{l_0}}{\sqrt{(a-s)+l_0/F_0^2}}\frac{E_{\text{Al}}}{E_{\text{la}}}(\sigma_{\text{max}} - \sigma_{\text{maxcom}})\sqrt{\pi a}\right]^m$$

$$(6.72)$$

$$\left(\frac{\mathrm{d}a}{\mathrm{d}N}\right)_{R=0.06} = C_R C\left[\frac{\sqrt{l_0}}{\sqrt{(a-s)+l_0/F_0^2}}\frac{E_{\text{Al}}}{E_{\text{la}}}\Delta\sigma\sqrt{\pi a}\right]^m \qquad (6.73)$$

则

$$\frac{\left(\dfrac{\mathrm{d}a}{\mathrm{d}N}\right)_{R=-1,R_C>0}}{\left(\dfrac{\mathrm{d}a}{\mathrm{d}N}\right)_{R=0.06}} = 2^m\,\frac{C_{R(R=-1)}}{C_{R(R=0.06)}} \qquad (6.74)$$

可见,$\sigma_{\text{maxcom}} > -\dfrac{E_{\text{la}}}{E_{\text{Al}}}\sigma_{\text{r,Al}}$,在最大加载载荷相同时,拉－压循环加载有效

应力比低于拉－拉加载有效应力比,对疲劳裂纹扩展具有减弱作用;而拉－压循环加载(应力比 $R=-1$)有效应力幅为拉－拉加载有效应力幅的 2 倍,对疲劳裂纹扩展具有促进作用。因此,在 $R<0,R_C>0$ 条件下,疲劳裂纹扩展是应力比效应与应力幅效应共同作用的结果。

(2) $R_C<0$。

若 $\sigma_{\text{maxcom}}<-\dfrac{E_{\text{la}}}{E_{\text{Al}}}\sigma_{\text{r,Al}},R_C=\dfrac{\sigma_{\text{maxcom}}-\sigma_0}{\sigma_{\max}-\sigma_0}<0,C_R=1$,则

$$\frac{\left(\dfrac{\mathrm{d}a}{\mathrm{d}N}\right)_{R=-1,R_C<0}}{\left(\dfrac{\mathrm{d}a}{\mathrm{d}N}\right)_{R=0,R_C>0}}=\frac{\lambda_{\text{com}}(\sigma_{\max}-\sigma_0)^m}{C_R(\sigma_{\max}-R\sigma_{\max})^m} \tag{6.75}$$

式中, $\lambda_{\text{com}}>1,C_R>1,\dfrac{(\sigma_{\max}-\sigma_0)^m}{(\sigma_{\max}-R\sigma_{\max})^m}>1$。

可见,若 $\sigma_{\text{maxcom}}<-\dfrac{E_{\text{la}}}{E_{\text{Al}}}\sigma_{\text{r,Al}}$,在最大加载载荷相同时,拉－压循环加载下,有效应力幅高于拉－拉加载情况, $R=-1$ 时的有效应力幅比 $R=0.06$ 高出 $R\sigma_{\max}-\sigma_0$。

图 6.5 所示为一定加载条件下, C_{com} 取值的算例。为了考察不同参数 β 对应力比效应因子的影响,算例取了四个不同的应力比。由图 6.5 可见,随着 β 值的增加,压载荷促进疲劳裂纹扩展效应更加明显。通过对参数 β 的合理取值,可以使参数 C_{com} 反映应力比对纤维增强铝合金层板疲劳裂纹扩展速率的影响。

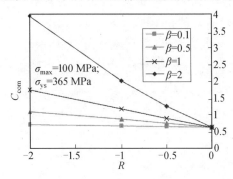

图 6.5　不同参数 β 对应力比效应因子的影响

6.6.2　不同铺层结构疲劳裂纹扩展性能差异

对于 2/1 和 3/2 玻璃纤维增强铝合金层板,若应力比 $R>0$,在相同的裂

纹长度与应力幅下有

$$\frac{\left(\dfrac{\mathrm{d}a}{\mathrm{d}N}\right)_{2/1}}{\left(\dfrac{\mathrm{d}a}{\mathrm{d}N}\right)_{3/2}} = \frac{C_{R,2/1}\left(\dfrac{\sqrt{l_{0,2/1}}}{\sqrt{(a-s)+l_{0,2/1}/F_0^2}}\dfrac{1}{E_{la,2/1}}\right)^m}{C_{R,3/2}\left(\dfrac{\sqrt{l_{0,3/2}}}{\sqrt{(a-s)+l_{0,3/2}/F_0^2}}\dfrac{1}{E_{la,3/2}}\right)^m} \tag{6.76}$$

式(6.76)反映了层板的铺层结构差异对疲劳裂纹扩展速率的影响。由于铺层结构不同,与 2/1 结构层板相比,3/2 结构层板的桥接效率更高,即 $\dfrac{\sqrt{l_{0,2/1}}}{\sqrt{(a-s)+l_{0,2/1}/F_0^2}}$ 值更小,此式也是裂纹长度 a 的函数,并且随着 a 的增加而减小,而应力强度因子随着 a 的增加而增大。因此,存在有效应力强度因子趋近定值情况,此时纤维增强铝合金层板表现为恒速扩展,如本章研究制备的 3/2 型层板。

6.7 本章小结

通过上述理论分析和试验研究,可以得到如下结论。

(1)在拉－压循环加载下,当有效循环应力比 $R_c > 0$ 时,压载荷部分对纤维增强铝合金层板疲劳裂纹扩展速率的影响体现为压载荷对铝合金层所承受的残余拉应力的抵消作用。实际上,铝合金仍承受拉－拉载荷循环,仍可采用纤维增强金属层板唯象模型预测疲劳裂纹扩展速率。

(2)在拉－压循环加载下,进行了纤维增强铝合金层板的疲劳裂纹扩展试验,结果表明当有效循环应力比 $R_c < 0$ 时,抵消残余拉应力后剩余的压载荷部分对纤维增强铝合金层板疲劳裂纹扩展速率的影响不可忽略。

(3)将增量塑性损伤理论与纤维增强金属层板唯象方法相结合,推导得出了拉－压循环加载下纤维增强铝合金层板疲劳裂纹扩展速率模型。

第7章 压载荷效应与过载效应试验研究

7.1 基于高频疲劳机的铝合金疲劳
裂纹扩展试验的有效性

7.1.1 试验设备

1. 高频疲劳试验机

疲劳裂纹扩展试验研究中,采用 PLG－100C 高频疲劳试验机(长春试验机厂生产),如图 7.1 所示。其主要性能指标见表 7.1,对于铝合金试件,机器满足 ASTM E466、ASTM E647 中规定的试验要求,机器满足《金属材料 疲劳试验 轴向力控制方法》(GB/T 3075—2021)、《金属材料 疲劳试验 疲劳裂纹扩展方法》(GB/T 6398—2017)中有关试验设备的规定要求。

图 7.1 PLG－100C 高频疲劳试验机

表 7.1　PLG－100C 高频疲劳试验机主要性能指标

最大静态载荷	范围/kN	100
	精度/%	≤0.5
最大动态载荷	范围/kN	100
	精度/%	≤0.5
最大位移测量	范围/mm	75
	精度/%	≤1
载荷波形	正弦波形、三角波形、矩形波形、随机波形	

2. 尺寸测量设备

数显游标卡尺,精度为 0.01 mm。

3. 数码成像设备

型号:EOS 550D。生产厂家:佳能。主要性能指标:分辨率 1 000 万像素。镜头:腾龙 AF 18－270mm f/3.5－6.3 Di Ⅱ VC LD,具有微距拍摄和防抖动功能。标尺:精度 1 mm 的钢尺。数码成像装置如图 7.2 所示。

图 7.2　数码成像装置

7.1.2　裂纹长度测量软件

为了提高测量裂纹长度的速度,减小停机对疲劳裂纹扩展速率数据的影响,采用拍摄照片的方法记录裂纹瞬时状态。然后,在试验结束后,通过自行开发的带有互动界面的测量软件进行裂纹长度的测量。下面介绍此软件的特点和开发过程。

1. 运行环境

(1)软件运行。

软件运行在计算机及其兼容机上,使用 Windows 操作系统,在软件安装后,直接点击相应图标,就可以进行需要的软件操作。安装 FLASH6.0 以上播放器或 IE 浏览器。

(2)硬件环境。

推荐配置:Pentium300 以上计算机机型、128 MB 内存、40 GB 以上硬盘空间,其他配置可自选,运行界面如图 7.3 所示。

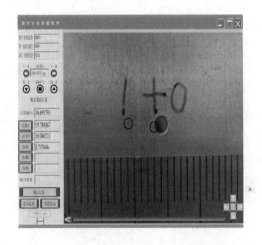

图 7.3 裂纹长度测量软件运行界面

2. 软件功能

(1)功能区软件。

基于 Flash MX 开发,具有批量图片导入、裂纹长度测量、测量结果记录三个功能区,如图 7.4 所示。

(2)主要功能实现。

①批量图片导入。

首先,建立"图片名称前缀""第一张图片数字""最后一张图片数字",输入文本。然后,建立"上一张""下一张"按钮,以及"当前图片"名称显示的静态文本窗口。最后,对按钮添加动作命令,以实现图片的批量导入。

(a) 批量图片导入　　　(b) 裂纹长度测量　　　(c) 测量结果记录

图 7.4　裂纹长度测量软件主要功能区

②裂纹长度测量。

首先,建立"定标输入""位置 1""位置 2""差值""左侧""右侧"等按钮。将以上语句分别添加给各个按钮,作为按钮动作,并在时间轴关键帧添加动态文本响应语句。

然后,在测量过程中,可将两个"标记十字"分别准确放于需要测量长度的左右边缘,若将动态文本"定标输入"设定为"1",即可得到两个标记间的像素宽度值(Pi 值),显示于输出文本"差值"。测量以毫米为单位的宽度,可分两步进行:第一步,将两标记放于标尺上整毫米两侧,例如放于 10 mm 两侧,则动态文本"定标输入"设定为"10",点击"位置 1"和"位置 2"按钮,则在输出文本"差值"中显示标尺上 10 mm 的像素宽度值,然后将此值输入"定标输入"动态文本;第二步,保持"定标输入"动态文本,将两个"标记十字"分别放置在需要测量裂纹的左右边界点,再次点击"位置 1"和"位置 2"按钮,则在输出文本"差值"中显示裂纹长度毫米值。

③测量结果记录。

为了将测量结果统一记录,建立数据记录动态文本并隐藏,通过按钮"显示记录"和"关闭显示"实现所记录数据的显示与否。由于 Flash5 以后版本不再具有 TXT 文本的生成功能,因此所记录数据通过复制粘贴存为 TXT 文本。

(3)测量精度。

裂纹长度测量软件可对图片进行放大,疲劳裂纹扩展试验中拍摄的裂纹图片,计算精度要依赖于所拍摄图片的清晰程度。经过放大后,裂纹的尖端颜色明显较周围颜色深,那么裂纹尖端的识别误差就主要取决于最小分辨方块的尺寸。

下面,借助于刻度尺的标定,计算最小分辨方块的尺寸。首先,将拍摄的图片经过测量软件放大,直到可以清晰地显示最小分辨方块,用测量软件的

"标记十字"测量获得其像素宽度值。然后,测量标尺的 1 mm 宽度的 Pi 值。经计算可得到最小分辨方块的单位为毫米的尺寸,即获得测量系统对裂纹长度测量的精度。

从图 7.5 中可以看出,图片的最小分辨宽度 x_0 为 0.155 235Pi,而图 7.6 中刻度标尺的 1 mm 的宽度为 11.05Pi,因此,对于裂纹长度测量的最小精度可以达到 $x_0 = \dfrac{0.155\ 235}{11.05} = 0.01$ mm。

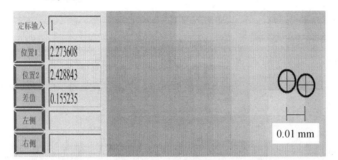

图 7.5　裂纹图片的最小分辨区域宽度测量

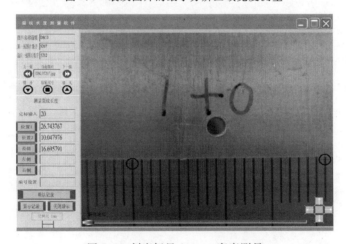

图 7.6　刻度标尺 20 mm 宽度测量

7.1.3　高频疲劳试验机的裂纹扩展试验有效性分析

在使用高频疲劳试验机进行的疲劳裂纹扩展试验中,需要停机进行裂纹长度测量。当再次开启试验机时,需要经过一定的升力时间,而此时已经进入了循环周期的计数,这将在一定程度上对测量结果产生影响,使测量结果偏小于真实值。通常,升力时间与其共振频率和最大加载力值有关,若共振频率在

$70\sim100$ Hz 范围内,加载力值在 $5\sim14$ kN 范围内,其平均的升力速率约为 $\dfrac{1}{200}$ kN/周。

下面主要从减小升力时间对循环周期计数的影响、保证试验图片测量精度以及裂纹扩展速率的拟合精度几个方面讨论应用高频疲劳试验机进行的疲劳裂纹扩展试验的数据有效性的保证方法,主要涉及拍摄间隔裂纹扩展量 Δa_T、拍摄间隔周期数 ΔN_T 等参数的考察。

1. 拍摄间隔裂纹扩展量

(1)拍摄间隔。

按照前文的讨论,裂纹扩展量下限拍摄图片的测量精度为 $\Delta x_0 = 0.01$ mm,每个拍摄间隔裂纹扩展量按 10 倍精度选取,则 Δa_T 下限为 0.1 mm。拍摄间隔裂纹扩展量 Δa_T 上限是本节重点讨论的内容。

(2) 割线法有效性。

若疲劳裂纹扩展速率的计算采用割线法,那么拍摄间隔裂纹扩展量 Δa_T 将对疲劳裂纹扩展速率的计算精度产生影响。通常,可以采用割线法和递增多项式法计算疲劳裂纹扩展速率,其中递增多项式法采用了分段拟合的思想,计算精度较高。但是,这种方法需要较多的 $a-N$ 曲线数据点,而本章研究主要探讨采用高频疲劳试验机进行疲劳裂纹扩展试验的可行性,可以获得的数据点较少。因此,在计算疲劳裂纹扩展速率时,应采用需要数据点较少的割线法。割线法仅需要两个数据点即可计算疲劳裂纹扩展速率,如图 7.7 所示。

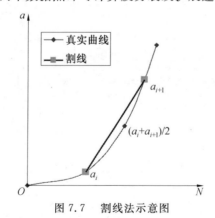

图 7.7   割线法示意图

割线法具体计算过程为

$$\left(\frac{\mathrm{d}a}{\mathrm{d}N}\right)_j = \frac{a_{i+1}-a_i}{N_{i+1}-N_i}, \quad j=i=1,2,\cdots \tag{7.1}$$

可求得应力强度因子幅 ΔK_j：

$$a_j = \frac{a_{i+1} + a_i}{2}, \quad j = i = 1, 2, \cdots \tag{7.2}$$

$$\Delta K_j = Y \Delta \sigma \sqrt{\pi a_j}, \quad j = i = 1, 2, \cdots \tag{7.3}$$

式中，$\Delta\sigma$ 为应力幅，$\Delta\sigma = \sigma_{max} - \sigma_{min}$；$W$ 为试件宽度；$\alpha_j = 2a_j/W$；Y 为形状系数，与裂纹长度和位置有关。

从以上计算过程可以看出，割线法实质上是将 $a - N$ 曲线的两点 a_1 和 a_2 间割线斜率作为中值点斜率估计$(a_1 + a_2)/2$点的疲劳裂纹扩展速率，如图 7.7 所示。这样，拍摄间隔裂纹扩展量 Δa_T 将会对割线斜率估计中值点$(a_1 + a_2)/2$ 点斜率产生影响。

从模型$\dfrac{da}{dN} = C(1 - \gamma\sigma_{maxcom})^\beta(K_{max})^m$ 可以看出，在应力比 $R \leqslant 0$ 情况下，$\lg \dfrac{da}{dN} - \lg K_{max}$ 曲线具有相同的斜率，即相同的 m 值。因此，在一定压载荷的等幅加载下，有

$$\frac{da}{dN} = \frac{1}{C'}(K_{max})^m \tag{7.4}$$

$$dN = C' \frac{da}{(K_{max})^m} \tag{7.5}$$

$$C' = \frac{1}{C(1 - \gamma\sigma_{maxcom})^\beta} \tag{7.6}$$

根据断裂力学，

$$K_{max} = Y\sigma_{max}\sqrt{\pi a} \tag{7.7}$$

通常，对于铝合金材料 $m \approx 4$。将 $m = 4$ 代入 $dN = C' \dfrac{da}{(K_{max})^m}$ 得到

$$dN = D \frac{da}{a^2} \tag{7.8}$$

式中，$D = \dfrac{C'}{(\sqrt{\pi}Y\sigma_{max})^4}$。因此有

$$\Delta N_T = \int_{N_1}^{N_2} dN = D \int_a^{a+\Delta a_T} \frac{da}{a^2} = D\left(\frac{1}{a} - \frac{1}{a + \Delta a_T}\right) \tag{7.9}$$

$$\frac{\Delta a_T}{\Delta N_T} = \frac{1}{D}a(a + \Delta a_T) \tag{7.10}$$

按式$\dfrac{da}{dN} = \dfrac{1}{C'}(K_{max})^m$ 计算中值点疲劳裂纹扩展速率为

$$\frac{\mathrm{d}a}{\mathrm{d}N} = \frac{1}{D}\left(\frac{a + a + \Delta a}{2}\right)^2 \tag{7.11}$$

因此,由于 Δa_T 变化,对割线法预测相对误差可估计为

$$\frac{\dfrac{\Delta a_T}{\Delta N_T} - \dfrac{\mathrm{d}a}{\mathrm{d}N}}{\dfrac{\mathrm{d}a}{\mathrm{d}N}} = \frac{\Delta a_T}{4a} \tag{7.12}$$

由式(7.12)可以看出,若 Δa_T 一定,则半裂纹长度 a 越小 Δa_T 变化对割线法预测相对误差越大。因此,对于 Δa_T 变化对割线法有效性行为的分析,主要是考察裂纹较短情况,只要其满足较短裂纹精度要求,则更长的裂纹自然满足要求。例如,半裂纹长度试验中最小值 $a = 5$ mm,则在不同加载和试件条件下,若规定:

$$\frac{\Delta a_T}{4a} \leqslant 10\% \tag{7.13}$$

可以得到 $\Delta a_T \leqslant 2$ mm,若 $a = 10$ mm,则 $\Delta a_T \leqslant 4$ mm。

按 GB/T 6398—2017,CCT 试件疲劳裂纹扩展试验数据有效的裂纹长度判据:

$$W - 2a \geqslant \frac{1.25 P_{\max}}{B \sigma_{P0.2}} \tag{7.14}$$

即

$$a \leqslant \frac{W}{2} - \frac{5 P_{\max}}{8 B \sigma_{P0.2}} \tag{7.15}$$

本书研究所采用 LY12 − M 铝合金 $\sigma_{P0.2} = 120.24$ MPa,试件厚度 $B = 3$ mm。按式(7.15)计算,对于两种宽度 M(T) 试件的 Δa_T 许用取值上限 $\Delta a_{T,U}$ 见表 7.2,表中 $\Delta a_{T,L}$ 为由测量精度决定的 Δa_T 许用取值下限。

表7.2　裂纹长度测量间隔 Δa_T

W/mm	$P_{\max}$/kN	a_0/mm	$a_{\max}$/mm	$\Delta a_{T,U}$/mm	$\Delta a_{T,L}$/mm	相对误差 k/%
40	4	5	13.07	2	0.1	0.19 ～ 10
40	7	5	7.87	2	0.1	0.32 ～ 10
80	8	5	26.14	2	0.1	0.10 ～ 10
80	14	5	15.74	2	0.1	0.16 ～ 10

2. 拍摄间隔周期数

下面讨论拍摄间隔周期数 ΔN_T（前一次拍摄完毕后机器启动到再次停机需要的循环周期数）的选择。拍摄间隔周期数过短则加载交变力上升需要周期数占拍摄间隔周期数过大，试验偏差大。拍摄间隔周期数过长，则裂纹扩展量过大，造成应力强度因子计算偏差过大。因此，需要根据试验实际加载力与裂纹扩展量确定间隔周期数。力值越大，升力需要的周期数越多，则要求间隔周期数越大。裂纹扩展量越大，则要求间隔周期数越短。因此，需要根据试验使用的成像测量系统的测量精度 Δx_0 与升力周速率 ΔN_P 确定间隔周期数 ΔN_T。

先讨论动态升力过程的影响，按前文计算，$\Delta N_P = 200$ 周 $/\text{kN}$，则交变负荷动态上升所需要的周期数 N_P 为

$$N_P = \Delta N_P P_{\max} = 200 P_{\max} \tag{7.16}$$

若将升力过程所占有效循环数按 50% 计算，则按允许相对偏差 10%，拍摄间隔周期数 ΔN_T 为

$$\Delta N_T > \frac{50\% N_P}{10\%} = 1\,000 P_{\max} \tag{7.17}$$

表 7.3 中列出了在本研究最大加载力值范围内，所需要的拍摄间隔周期数。下面，将保证裂纹长度测量精度要求引入：

$$\Delta a_{T,L} < \left(\frac{\mathrm{d}a}{\mathrm{d}N}\right)\Delta N_T < \Delta a_{T,U} \tag{7.18}$$

本书研究主要考察扩展速率在 Paris 区内裂纹扩展特性，即在等幅循环下，考察裂纹扩展速率范围为

$$1 \times 10^{-5} < \frac{\mathrm{d}a}{\mathrm{d}N} < 1 \times 10^{-3} \tag{7.19}$$

因此

$$\frac{\Delta a_{T,L}}{\left(\dfrac{\mathrm{d}a}{\mathrm{d}N}\right)_U} < \Delta N_T < \frac{\Delta a_{T,U}}{\left(\dfrac{\mathrm{d}a}{\mathrm{d}N}\right)_L} \tag{7.20}$$

当扩展速率在 Paris 区中，ΔN_T 可以由以下两个条件确定选择范围：

$$\begin{cases} 1 \times 10^2 < \Delta N_T < 2 \times 10^5 \\ \Delta N_T > 1\,000 P_{\max} \end{cases} \tag{7.21}$$

不同试验条件下 ΔN_T 的取值范围见表 7.3。

表 7.3　拍摄间隔

W/mm	P_{max}/kN	ΔN_T 许用取值范围
40	4	4 000～200 000
40	7	7 000～200 000
80	8	8 000～200 000
80	14	1 4000～200 000

在以上分析中,割线法预测相对误差 10% 仅出现在起始裂纹扩展阶段,随着裂纹扩展割线法预测相对误差下降,采用割线法对于整体疲劳裂纹扩展速率的预测误差将远小于 10%。因此,在基于高频疲劳试验机的铝合金疲劳裂纹扩展试验数据处理过程中,若保证试验参数在以上许用范围内,则采用割线法计算疲劳裂纹扩展速率方法是可行的。

7.2　试验材料与方法

7.2.1　试验材料

本章研究所采用的材料为东北轻合金责任有限公司生产的牌号为 LY12－M 的高强铝合金,厚度 B 为 3 mm,其化学成分见表 7.4。

表 7.4　LY12－M 铝合金化学成分

元素质量分数/%								
Si	Fe	Cu	Mn	Mg	Ni	Zn	Fe＋Ni	Ti
0.50	0.50	3.8～4.9	0.30～0.9	1.2～1.8	0.10	0.3	0.50	0.15

7.2.2　试验方法

1.试验试件

试件满足 ASTM E647—2013a 和 GB/T 6398—2017 中规定的矩形截面试件尺寸形状要求。采用 GB/T 6398—2017 金属材料疲劳裂纹扩展速率试验方法中标准中心裂纹拉伸 CCT 试件,如图 7.8 所示。为了测得有效的试验数据,根据材料的规定非比例伸长应力 $\sigma_{P0.2}$ 和预测的最大应力强度因子的极限值 K_{max} 和比值 $2a/W$ 的极限值选择试件的最小宽度。试验试件的宽度选择 40 mm 和 80 mm 两种。试件的厚度 B 为 3 mm,满足 GB/T 6398—2017 关于试件厚度上限为 $W/8$ 要求,以及最小厚度要能避免屈曲和弯曲应变不超过名义应变的 5% 的要求。

2. 测量方法

通过数码成像手段获得带标尺的全裂纹图片,然后用自行开发的裂纹长度测量软件进行长度测量。停机拍摄参数 ΔN_T、Δa_T 满足 7.3 节许用条件,见表 7.5。

表 7.5　选用的相关参数

W/mm	a_{min}/mm	a_{max}/mm	P_{max}/kN	$\Delta a_T/mm$	ΔN_T	$k/\%$
40	5	13.07	4	0.5	10 000~20 000	0.96~2.50
40	5	7.87	7	0.5	10 000~20 000	1.59~2.50
80	5	26.14	8	0.5	10 000~20 000	0.48~2.50
80	5	15.74	14	0.5	15 000~20 000	0.79~2.50

3. 计算方法

试验标准采用 ASTM E647—2013a 和 GB/T 6398—2017,依据标准对疲劳裂纹扩展试验数据进行分析时,ΔK 可选取为

$$\Delta K = \begin{cases} K_{max} - K_{min}, & R > 0 \\ K_{max}, & R \leqslant 0 \end{cases} \tag{7.22}$$

因此

$$\Delta\sigma = \begin{cases} \sigma_{max} - \sigma_{min}, & R > 0 \\ \sigma_{max}, & R \leqslant 0 \end{cases} \tag{7.23}$$

$$\Delta K = \frac{\Delta\sigma}{B}\sqrt{\frac{\pi\alpha}{2W}\sec\frac{\pi\alpha}{2}} \tag{7.24}$$

对于 CCT 试件,如图 7.8 所示,ΔK 按下式计算:

这里,$\alpha = 2a/W$。采用割线法计算疲劳裂纹扩展速率 $\dfrac{da}{dN}$,表 7.5 给出了在选用的试验参数范围内,采用割线法计算疲劳裂纹扩展速率引起的相对误差 k,由表 7.5 可见,$k < 2.5\%$。

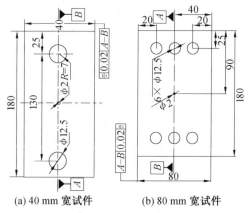

(a) 40 mm 宽试件   (b) 80 mm 宽试件

图 7.8　疲劳裂纹扩展速率试验试件(单位:mm)

7.3　压载荷效应模型有效性验证

在不同应力比 R 和最大压载荷 σ_{maxcom} 下,使用 PLG－100C 高频疲劳试验机在室温下对试件进行恒幅疲劳裂纹扩展试验,试验程序按 ASTM E647—2013a 和 GB/T 6398—2017 方法执行,下面介绍具体试验方案。

7.3.1　试验方案

为了考察在负应力比下,最大压载荷变化对铝合金疲劳裂纹扩展的影响,拟合所建立的预测模型式(4.13)中的参数 C、m、β 值,设计了以下试验方案。试验中将加载参数 σ_{max} 取 33.3 MPa,分别在应力比 $R=0$ 和应力比 $R<0$ 条件下进行疲劳裂纹扩展试验。将 $R=0$ 的拉－拉加载与 $R=-0.5$,$R=-1$,$R=-2$ 的拉－压循环加载对比,考察拉－压循环载荷下,压载荷对疲劳裂纹扩展的影响,并满足参数 β 拟合对零应力比和负应力比试验的需要。具体方案见表 7.6。

表 7.6　不同应力比下疲劳裂纹扩展试验加载方案

序号	试件几何尺寸		加载参数		
p	宽度/mm	厚度/mm	R	σ_{max}/MPa	σ_{maxcom}/MPa
1	40	3	0	33.3	0
2	40	3	－0.5	33.3	－16.7
3	40	3	－1	33.3	－33.3
4	40	3	－2	33.3	－66.7

在疲劳裂纹扩展速率 da/dN 的预测中,对于 $R=0$ 的拉一拉循环加载试验,工程广泛应用的 Paris 公式指出当 K_{max} 一定时,疲劳裂纹扩展速率与裂纹长度 a 无关。按式(4.13),在负应力比下,疲劳裂纹扩展速率由 K_{max}、σ_{maxcom} 两个参数决定,也与裂纹长度无关。为了检验试验中获得的 da/dN 数据在 K_{max}、σ_{maxcom} 一定时,是否也具有与裂纹长度无关的特性,这里将 K_{max}、σ_{maxcom} 固定,比较不同裂纹长度对负应力比下铝合金疲劳裂纹扩展速率 da/dN 的影响。试验分别采用了 80 mm 和 40 mm 宽度试件进行,裂纹长度范围为 3~20 mm。具体试验方案见表 7.7。

表 7.7　裂纹长度对负应力比疲劳裂纹扩展速率的影响试验方案

方案	序号 p	试件几何尺寸		加载参数			
		宽度/mm	厚度/mm	σ_{max}/MPa	σ_{maxcom}/MPa	$2a$/mm	K_{max}/(MPa·m$^{0.5}$)
I	1	80	3	58.3	−29.2	10~50	7.4~21.9
	2	80	3	41.7	−29.2	10~50	5.2~15.7
	3	80	3	29.2	−29.2	10~50	3.6~10.9
II	1	40	3	75	−58.3	5~25	6.7~19.9
	2	40	3	66.7	−58.3	5~25	5.9~17.2
	3	40	3	58.3	−58.3	5~25	5.2~15.5

7.3.2　结果与讨论

1. 负应力比下铝合金的疲劳裂纹扩展速率

为了考察在负应力比下,最大压载荷 σ_{maxcom} 的变化对疲劳裂纹扩展速率的影响,按表 7.6 试验方案,在 $\sigma_{max}=33.33$ MPa,R 分别为 0、−0.5、−1、−2 条件下进行试验测得的半裂纹长度 $\{a_j\}$、循环次数 $\{N_j\}$ 数据按式(7.22)~(7.24)将其转化为 $\left[\left(\dfrac{da}{dN}\right)_{p,i},(K_{max})_{p,i}\right]$ 数据对,并绘制在同一对数坐标系中,得到不同负应力比下的疲劳裂纹扩展速率,如图 7.9 所示。

若应力强度因子范围按 ASTM E647—2013a 进行计算,即在负应力比下,$\Delta K=K_{max}$。根据 Paris 公式,应力比 $R=0$ 与 $R<0$ 下的疲劳裂纹扩展速率 $da/dN-K_{max}$ 试验曲线应该分布在同一分散带中。

测得的试验数据虽然具有一定的分散性,但由图 7.9 还是可以明显地观

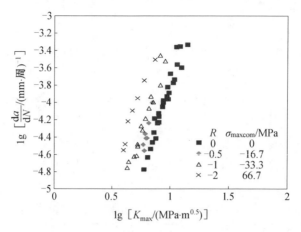

图 7.9　不同负应力比下的疲劳裂纹扩展速率

察到试验结果与 ASTM E647—2013a 不同,随着负应力比的增加,即随着压载荷的增加,对应疲劳裂纹扩展速率明显增加,或者说负应力比试验所需要的应力强度因子明显低于零应力比试验。这与 ASTM E647—2013a 规定的在负应力比下 $\Delta K = K_{\max}$ 的试验结果不符。这表明在相同的 $K_{\max}$ 下,由于压载荷的存在,$R < 0$ 的疲劳裂纹扩展速率 $(\mathrm{d}a/\mathrm{d}N)_{R<0}$ 高于 $R = 0$ 的疲劳裂纹扩展速率 $(\mathrm{d}a/\mathrm{d}N)_{R=0}$。这说明对于某些材料,如 LY12－M 铝合金,ASTM E647—2013a 的规定并不合理,在拉－压循环加载下压载荷对疲劳裂纹扩展存在影响。

2. 模型参数

按 4.3 节拓展的最小二乘法,首先将不同应力比试验获得的半裂纹长度 $\{a_j\}$、循环次数 $\{N_j\}$ 数据,按照式(7.22)～(7.24),转化为数据对 $\left[\left(\dfrac{\mathrm{d}a}{\mathrm{d}N}\right)_{p,i},(K_{\max})_{p,i}\right]$,然后分别按照式(4.26)、式(4.29)、式(4.30)计算参数 m、β、C 值,结果见表 7.8。然后,通过相关系数 r 检验参数 C、β 的拟合效果。依照式(4.13),这里用 r 来表征以 $\lg C$ 和 β 为最小二乘法拟合参数时,方程 $\lg C' = \lg C + \beta \lg(1 - \gamma\sigma_{\mathrm{maxcom}})$ 中 $\lg C'$ 与 $\lg(1 - \gamma\sigma_{\mathrm{maxcom}})$ 的线性相关程度,具体计算方法为

$$\gamma = \frac{\overline{\lg(1 - \gamma\sigma_{\mathrm{maxcom}})\lg C'} - \overline{\lg(1 - \gamma\sigma_{\mathrm{maxcom}})} \cdot \overline{\lg C'}}{\sqrt{\left(\overline{\lg^2(1 - \gamma\sigma_{\mathrm{maxcom}})} - \overline{\lg(1 - \gamma\sigma_{\mathrm{maxcom}})}^2\right)\left(\overline{\lg^2 C'} - \overline{\lg C'}^2\right)}} \tag{7.25}$$

式中,各表达式上方横线代表均值。

在第 4 章中,提出了基于最小二乘法的模型 $\sigma_{\mathrm{maxcom}}-\dfrac{\mathrm{d}a}{\mathrm{d}N}-K_{\mathrm{max}}$ 参数 C、m、β 的线性拟合方法。表 7.8 为参数拟合结果。表 7.9 给出了单应力比 ($R=0$)的最小二乘拟合结果。由表 7.8 可见,在不同的负应力比下,拟合方程具有相同的 C、m、β 值,$\lg C'$ 与 $\lg(1-\gamma_{\sigma_{\mathrm{maxcom}}})$ 的线性拟合相关系数为 0.925 4,见表 7.8,可以看出二者极高相关,表明模型 β 值与试验符合很好。

表 7.8　拉—压增量塑性损伤模型的参数拟合结果

序号 p	应力比 R	σ_{maxcom} /MPa	$\lg C'$	$\dfrac{\mathrm{d}a}{\mathrm{d}N}=C(1-\gamma_{\sigma_{\mathrm{maxcom}}})^{\beta}(K_{\mathrm{max}})^{m}$			相关系数 r
				m	数值		
					C	β	
1	0	0	-7.582				
2	-0.5	-16.7	-7.488	3.791	3.257×10^{-8}	2.476	0.925 4
3	-1	-33.3	-7.112				
4	-2	-66.7	-6.727				

由表 7.8 可见,对于 LY12—M 铝合金,当 $\mathrm{d}a/\mathrm{d}N$ 单位为 mm/周、K_{max} 单位为 MPa·$\mathrm{m}^{0.5}$、σ_{max} 单位为 MPa 时,$\beta=2.476$,$m=3.791$,$C=3.257^{-8}$。表 7.9 给出了按 ASTM E647—2013a 方法,即在负应力比下,计算疲劳裂纹扩展速率的 Paris 公式常数。ASTM E647—2013a 方法认为在负应力比下 $\Delta K=K_{\mathrm{max}}$,负应力比的疲劳裂纹扩展速率曲线与零应力比($R=0$)疲劳裂纹扩展速率曲线重合,因此应用此方法拟合参数 C 和 m 仅需使用 $R=0$ 的试验数据。负应力比下疲劳裂纹扩展速率与零应力比具有相同预测模型和参数。

3. 预测值与试验值的对比验证

下面,通过将本书推导得到的疲劳裂纹扩展拉—压增量塑性损伤模型方法式(4.13)的预测值 $\dfrac{\mathrm{d}a}{\mathrm{d}N}=C(1+\gamma_{\sigma_{\mathrm{maxcom}}})^{\beta}(K_{\mathrm{max}})^{m}$、ASTM 标准方法的预测值 $\dfrac{\mathrm{d}a}{\mathrm{d}N}=C(K_{\mathrm{max}})^{m}$ 与试验值在 $\dfrac{\mathrm{d}a}{\mathrm{d}N}-K_{\mathrm{max}}$ 坐标系中的对比,以及预测方差对比和预测离散度对比,对双参数拉—压增量塑性损伤模型和提出的模型参数最小二乘法的有效性进行分析,表 7.9 为 ASTM E647—2013a 方法在不同应力比下的参数拟合。

表 7.9　ASTM E647—2013a 方法的相关参数拟合

序号 p	应力比 R	σ_{maxcom}/MPa	$\dfrac{\mathrm{d}a}{\mathrm{d}N}=C(K_{max})^{m}$	
			C	m
1	0	0		
2	-0.5	-16.7	6×10^{-9}	4.4
3	-1	-33.3		
4	-2	-66.7		

（1）$\dfrac{\mathrm{d}a}{\mathrm{d}N}-K_{max}$ 曲线。

图 7.10～7.13 所示为式（4.13）预测的疲劳裂纹扩展速率与试验数据的对比结果。

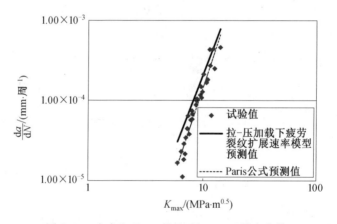

图 7.10　应力比 $R＝0$ 的 $\mathrm{d}a/\mathrm{d}N-\Delta K$ 拟合曲线

由图 7.10～7.13 可见，模型预测曲线与试验数据符合较好，说明增量塑性损伤理论适合分析拉－压加载下疲劳裂纹扩展问题，反映了拉－压循环加载下疲劳裂纹扩展压载荷效应的机理。

在拉－压加载下，裂纹尖端在压载荷加载阶段进入反向屈服，与拉－拉循环加载相比，裂纹尖端受到更大范围的塑性损伤。按增量塑性损伤理论，反向塑性区尺寸的增加导致在最大拉载荷相同的条件下，与拉－拉循环加载相比，在拉－压循环载荷作用下疲劳裂纹扩展速率更大，即压载荷对疲劳裂纹扩展速率有促进作用。

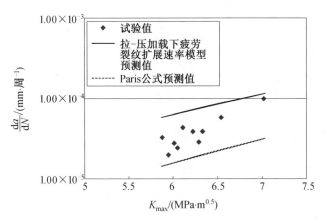

图 7.11　应力比 $R=-0.5$ 的 $\mathrm{d}a/\mathrm{d}N-\Delta K$ 拟合曲线

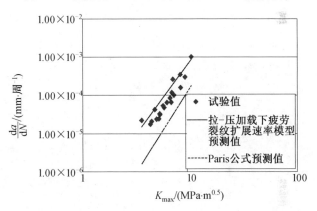

图 7.12　应力比 $R=-1$ 的 $\mathrm{d}a/\mathrm{d}N-K_{\max}$ 拟合曲线

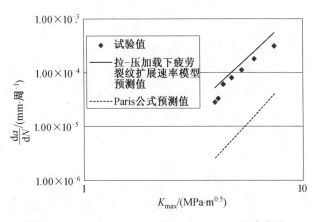

图 7.13　应力比 $R=-2$ 的 $\mathrm{d}a/\mathrm{d}N-\Delta K$ 拟合曲线

（2）预测方差。

方差用于描述随机变量对于数学期望的偏离程度，等于偏离平方的均值，通常记为 D^2。最小二乘法就是基于随机变量与数学期望的方差最小的原则进行参数拟合，而本章研究建立的负应力比疲劳裂纹扩展速率模型参数拟合的改进最小二乘法也是基于方差最小原则的，拟合目标定为所有应力试验的方差总和最小。疲劳裂纹扩展速率的方差为

$$D^2 = \overline{\left[\left(\frac{\mathrm{d}a}{\mathrm{d}N} \right)_{\mathrm{P}} - \left(\frac{\mathrm{d}a}{\mathrm{d}N} \right)_{\mathrm{T}} \right]^2} \tag{7.26}$$

式中，$\left(\dfrac{\mathrm{d}a}{\mathrm{d}N} \right)_{\mathrm{P}}$ 为预测值；$\left(\dfrac{\mathrm{d}a}{\mathrm{d}N} \right)_{\mathrm{T}}$ 为试验值。

表 7.10 给出了在应力比 $R=0$、$R=-0.5$、$R=-1$、$R=-2$ 下，双参数模型和 ASTM 标准方法的预测值与试验值的方差，以及二者的比值。其中，D^2 为按式（4.13）预测方法预测结果与试验值的方差，D^2_{ASTM} 为按 ASTM E647—2013a 方法及 Paris 公式预测值与试验值的方差。

表 7.10　预测方差

序号 p	应力比 R	$\sigma_{\mathrm{maxcom}}/\mathrm{MPa}$	$D^2/\times 10^{-8}$	$D^2_{\mathrm{ASTM}}/\times 10^{-8}$	D^2/D^2_{ASTM}
1	0	0	1.137	0.561	2.03
2	-0.5	-16.7	0.121	0.724	0.17
3	-1	-33.3	0.800	6.989	0.11
4	-2	-66.7	0.920	1.750	0.53
平均 $\overline{D^2}$			0.744 5	2.506	0.30
总和 $\sum \overline{D^2}$			2.978	10.024	0.30

从表 7.10 中可以看出，当应力比 $R=0$ 时，双参数模型预测值的方差高于 ASTM E647—2013a 方法。这是因为在双参数模型参数的拟合中，为了保证模型较广泛的工程适用性，采用了兼顾各个应力比的拟合方法。而在应用 ASTM E647—2013a 方法对 Paris 公式材料常数 C、m 的拟合中，仅考虑了 $R=0$ 的试验数据。

因此，两个模型对比中出现对零应力比试验，双参数模型预测值的方差高于 ASTM E647—2013a 方法的结果。而从整体上看，在负应力比阶段双参数模型呈现出明显的优势，特别是在应力比 $-2 < R < -1$ 阶段，其方差较 ASTM E647—2013a 方法减小近一个数量级。同时，从方差总和和均值也可

以看出，双参数模型预测的方差总和明显小于 ASTM E647—2013a 方法。

（3）预测离散度。

分析预测结果与试验值的离散度，将预测结果与试验结果的比值作为随机变量，计算其离散系数，表示预测值与试验值之间的差距的分散程度，即

$$预测离散系数 = \sqrt{\left\{\left[\frac{\left(\frac{\mathrm{d}a}{\mathrm{d}N}\right)_P}{\left(\frac{\mathrm{d}a}{\mathrm{d}N}\right)_T}\right]_i - \overline{\left[\frac{\left(\frac{\mathrm{d}a}{\mathrm{d}N}\right)_P}{\left(\frac{\mathrm{d}a}{\mathrm{d}N}\right)_T}\right]}\right\}^2 \Big/ \left[\frac{\left(\frac{\mathrm{d}a}{\mathrm{d}N}\right)_P}{\left(\frac{\mathrm{d}a}{\mathrm{d}N}\right)_T}\right]} \quad (7.27)$$

表 7.11 给出了预测值与实测值的比值。

表 7.11　预测值与实测值的比值

序号 p	σ_{maxcom} /MPa	K_{max} /(MPa·m$^{0.5}$)	实测值 $\left(\frac{\mathrm{d}a}{\mathrm{d}N}\right)_T$ /(mm·周$^{-1}$)	模型预测值 $\left(\frac{\mathrm{d}a}{\mathrm{d}N}\right)_{P1}$ /(mm·周$^{-1}$)	ASTM 方法预测值 $\left(\frac{\mathrm{d}a}{\mathrm{d}N}\right)_{P2}$ /(mm·周$^{-1}$)	$\frac{\left(\frac{\mathrm{d}a}{\mathrm{d}N}\right)_{P1}}{\left(\frac{\mathrm{d}a}{\mathrm{d}N}\right)_T}$	$\frac{\left(\frac{\mathrm{d}a}{\mathrm{d}N}\right)_{P2}}{\left(\frac{\mathrm{d}a}{\mathrm{d}N}\right)_T}$
1	0	8.00	5.93×10^{-5}	9.36×10^{-5}	5.65×10^{-5}	1.58	0.95
2		8.76	1.06×10^{-4}	1.32×10^{-4}	8.30×10^{-5}	1.24	0.83
3		9.79	1.30×10^{-4}	2.01×10^{-4}	1.37×10^{-4}	1.55	1.05
4		11.44	2.75×10^{-4}	3.64×10^{-4}	2.73×10^{-4}	1.32	0.99
5		12.12	4.43×10^{-4}	4.51×10^{-4}	3.51×10^{-4}	1.02	0.79
6	−16.7	5.88	3.29×10^{-5}	5.86×10^{-5}	5.86×10^{-5}	1.78	0.44
7		6.22	3.89×10^{-5}	7.28×10^{-5}	7.28×10^{-5}	1.87	0.48
8		7.02	9.95×10^{-5}	1.15×10^{-4}	1.15×10^{-5}	1.15	0.32
9	−33.3	4.42	2.09×10^{-5}	3.42×10^{-5}	4.15×10^{-6}	1.64	0.20
10		5.28	3.14×10^{-5}	6.73×10^{-5}	9.10×10^{-6}	2.14	0.29
11		5.79	4.80×10^{-5}	9.56×10^{-5}	1.37×10^{-5}	1.99	0.29
12		6.15	6.53×10^{-5}	1.20×10^{-4}	1.78×10^{-5}	1.84	0.27
13		7.15	1.01×10^{-4}	2.12×10^{-4}	3.44×10^{-5}	2.10	0.34
14		9.07	3.01×10^{-4}	5.22×10^{-4}	9.80×10^{-5}	1.73	0.33

续表7.11

序号 p	σ_{maxcom} /MPa	K_{max} /(MPa·m$^{0.5}$)	实测值 $\left(\dfrac{da}{dN}\right)_T$ /(mm·周$^{-1}$)	模型预测值 $\left(\dfrac{da}{dN}\right)_{P1}$ /(mm·周$^{-1}$)	ASTM方法预测值 $\left(\dfrac{da}{dN}\right)_{P2}$ /(mm·周$^{-1}$)	$\dfrac{\left(\frac{da}{dN}\right)_{P1}}{\left(\frac{da}{dN}\right)_T}$	$\dfrac{\left(\frac{da}{dN}\right)_{P2}}{\left(\frac{da}{dN}\right)_T}$
15		4.12	3.32×10^{-5}	5.97×10^{-5}	3.04×10^{-6}	1.80	0.09
16		4.73	8.05×10^{-5}	1.01×10^{-4}	5.62×10^{-6}	1.26	0.07
17	66.7	5.25	1.12×10^{-4}	1.50×10^{-4}	8.85×10^{-6}	1.34	0.08
18		5.98	1.80×10^{-4}	2.46×10^{-4}	1.57×10^{-5}	1.37	0.09
19		7.40	3.13×10^{-4}	5.51×10^{-4}	4.01×10^{-5}	1.76	0.13
平均值						1.60	0.42
离散系数/%						6.0	23

由表7.11可见推导的双参数模型的预测值与实测值的比值均值为1.60,分散度系数为6.0%,表明模型预测比较稳定,分散程度远远小于ASTM方法预测值的分散度系数23%。同时,由图7.10和表7.11也可以看出,拉—压增量塑性损伤模型的预测值与实测值的比值均值大于1,表明此模型预测值给出偏安全的结果。而预测值与实测值的比值(均值为0.42)小于1,表明Paris公式预测值的结果偏危险。

(4)负应力比下裂纹长度对疲劳裂纹扩展速率的影响。

图7.14所示为按试验方案表7.12进行的疲劳裂纹扩展速率$\dfrac{da}{dN}$与裂纹长度$2a$的关系。图7.14给出了板宽80 mm,在最大应力强度因子取为7.3 MPa·m$^{0.5}$时,不同裂纹长度($2a=5\sim25$ mm)对应的疲劳裂纹扩展速率,同时给出了对40 mm宽度试件进行试验的结果,最大应力强度因子取为10.8 MPa·m$^{0.5}$,裂纹长度$2a=12\sim15$ mm。

由图7.14可见,当两个参数σ_{maxcom}和K_{max}确定,对应不同的裂纹长度,具有相近的疲劳裂纹扩展速率。这与模型具有相同的性质。图7.14中的拟合曲线也按式(4.13)计算,拟合结果与实测结果符合较好,这再一次验证了模型的有效性。

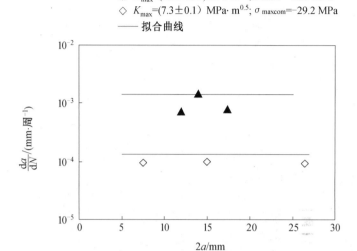

图 7.14　σ_{maxcom} 与 K_{max} 一定裂纹长度对疲劳裂纹扩展速率的影响

7.4　拉－拉加载下过载后疲劳裂纹扩展速率预测模型的验证

7.4.1　试验方案

为了检验拉－拉增量塑性损伤模型的有效性,对 LY12－M 铝合金进行了单峰过载疲劳裂纹扩展试验,对于此材料相关模型参数的拟合已在前文完成。应力强度因子计算依照 GB/T 6398—2017 进行,单峰过载试验具体方案见表 7.12。

表 7.12　单峰过载试验方案

试件几何尺寸		加载参数				
宽度 /mm	厚度 /mm	R	R_{OL}	σ_{max} /MPa	σ_{maxcom} /MPa	σ_{OL} /MPa
80	3	0	1.8	58.3	0	87.5

7.4.2　试验结果

在给定条件下进行单峰过载试验,结果如图 7.15～7.19 所示。

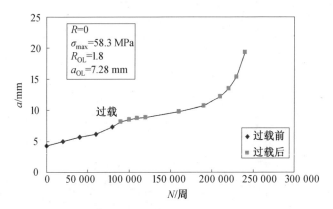

图 7.15　单峰过载疲劳裂纹扩展试验 $a-N$ 曲线

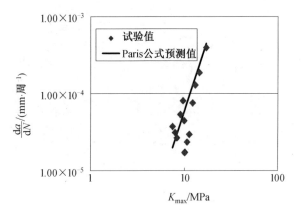

图 7.16　Paris 公式拟合结果

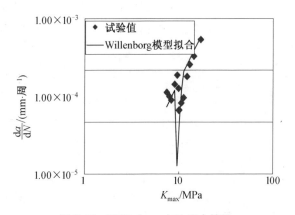

图 7.17　Willenborg 方法拟合结果

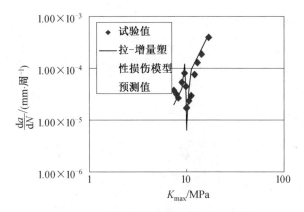

图 7.18　增量塑性损伤理论模型预测结果

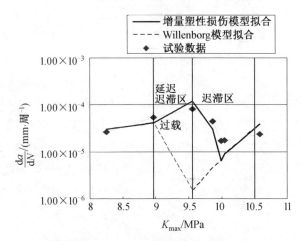

图 7.19　拉－拉过载增量塑性损伤模型与 Willenborg 模型拟合对比

由图 7.15～7.19 可见三种模型的拟合情况。由于 Paris 方法不考虑过载的迟滞效应，因此在图 7.16 的预测结果中，单峰过载后裂纹扩展不受影响，在双对数坐标中为直线。

图 7.17 所示为 Willenborg 模型拟合结果，由图可见，此方法对过单峰过载后等效的远场残余压应力可以进行计算，由此可计算等效的应力强度因子，由于考虑了过载后残余压应力的影响，因此得到了具有迟滞效应的预测结果。

图 7.18 所示为拉－拉过载增量塑性损伤模型预测曲线，结果表明，由于考虑了过载后的反向塑性损伤，以及 Willenborg 模型等效的远场压应力。推导的模型计算结果很好地拟合了过载后疲劳裂纹扩展的两个阶段，即延迟迟滞区和迟滞区，如图 7.19 所示。图 7.19 为过载后在 Willenborg 模型迟滞

区,拉－拉过载增量塑性损伤模型与 Willenborg 模型拟合的对比情况,由图可见,过载后 Willenborg 模型计算结果立即进入迟滞,这与试验结果不相符,试验中观察发现,过载后裂纹扩展并未立即进入迟滞,而是经过了一段延迟,这也与参考文献中试验观测结果具有相同之处。增量塑性损伤理论方法预测拉－拉过载后疲劳裂纹扩展速率,能够反映延迟迟滞行为。

7.5 拉－压加载下过载后疲劳裂纹 扩展速率预测模型的有效性

7.5.1 试验方案

为了验证拉－压过载增量塑性损伤模型式(5.43)的有效性,采用 LY12－M 铝合金进行负应力比下的单峰过载疲劳裂纹扩展试验。试验具体方案见表 7.13。

表 7.13 拉一压循环单峰过载试验方案

序号 p	试件几何尺寸		加载参数					
	宽度 /mm	厚度 /mm	R	R_{OL}	σ_{max} /MPa	σ_{maxcom} /MPa	a_{OL} /mm	σ_{OL} /MPa
1	80	3	-0.25	1.8	58.3	14.57	6.63	87.5
2	80	3	-0.5	1.8	58.3	29.15	7.28	87.5
3	80	3	-1	1.8	58.3	-58.3	6.5	87.5

7.5.2 试验结果

图 7.20～7.21 所示为应力比 $R=-0.25$、$R=-0.5$ 单峰过载试验结果。由图可见在负应力比下施加单峰拉伸过载后,除 $R=-0.25$ 试验出现小幅度的迟滞,其余试验中均未出现迟滞现象。

这说明,在负应力下,由于压载荷的存在,压载荷对疲劳裂纹扩展的促进作用可以抵消拉伸过载后产生的迟滞效应,在拉伸过载后继续施加压载荷可以在裂纹尖端附近形成较大的反向塑性区,裂纹尖端在较大的范围内受到了反向塑性损伤。因此,在以后的扩展中,由于过载峰卸载产生反向塑性区,裂纹扩展不产生明显的迟滞现象。

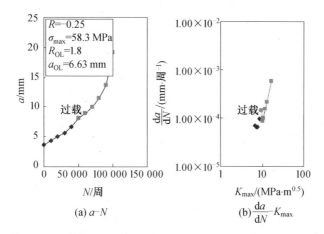

(a) a-N　　　　　(b) $\dfrac{\mathrm{d}a}{\mathrm{d}N}$-$K_{\max}$

图 7.20　应力比 $R=-0.25$ 单峰过载疲劳裂纹扩展试验结果

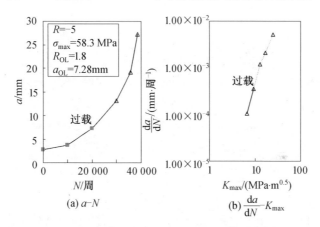

(a) a-N　　　　　(b) $\dfrac{\mathrm{d}a}{\mathrm{d}N}$-$K_{\max}$

图 7.21　应力比 $R=-0.5$ 单峰过载疲劳裂纹扩展试验结果

图 7.22～7.26 给出了负应力比下($R=-0.25\sim-1$),过载前后(过载比 $R_{\mathrm{OL}}=1.7$ 或 $R_{\mathrm{OL}}=1.8$)疲劳裂纹扩展速率的试验值、拉－压过载增量塑性损伤模型,以及 Willenborg 模型预测值的对比情况。

其中参数 $\gamma=0.019\,6$,若 $\sigma_{\mathrm{maxcom}}=-58.3$ MPa,$(1-\gamma\sigma_{\mathrm{maxcom}})^{\beta}=6.56$。若 $a_{\mathrm{OL}}=6.5$ mm,$R=-1$,$R_{\mathrm{OL}}=1.8$,则 $\rho_{\mathrm{OL}}=4.98$ mm,过载峰反向塑性区影响区尺寸为

$$(1-\gamma\sigma_{\mathrm{maxcom}})\frac{\rho_{\mathrm{OL}}}{4}=0.54\rho_{\mathrm{OL}}=2.67 \text{ mm}$$

对应裂纹长度 9.17 mm,而根据 $a_R=\dfrac{1}{1+\left(Y\dfrac{\sigma_{\max}}{\sigma_{\mathrm{ys}}}\right)^2}(a_{\mathrm{OL}}+\rho_{\mathrm{OL}})$,计算迟滞效应

117

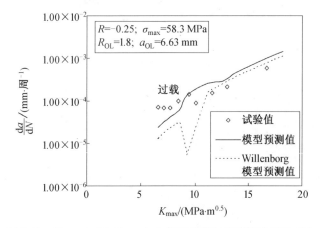

图 7.22　$R=-0.25$、$R_{OL}=1.8$ 时试验值与模型预测值的对比

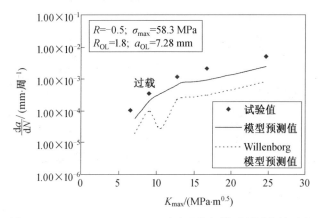

图 7.23　$R=-0.5$、$R_{OL}=1.8$ 时试验值与模型预测值的对比

消失边界裂纹长度为 $a_R=9.28$ mm。

　　计算说明，在以上条件下，负应力比下拉伸过载后疲劳裂纹扩展速率是残余反向塑性损伤的促进与过载残余正向塑性区形成的残余压应力所造成的迟滞共同作用。

　　由图 7.22~7.26 可以看出，拉—压过载增量塑性损伤模型的预测结果与试验值符合得较好，明显优于 Willenborg 模型的预测结果。这是由于 Willenborg 模型没有考虑负应力比下的压载荷效应以及拉伸过载后的过载峰产生反向塑性损伤的影响，而认为在过载后，拉伸过载残余的正向塑性区存在等效的远场压应力，因此与 Paris 公式在负应力比疲劳裂纹扩展速率预测中存在的问题相似，必定给出偏危险的预测。

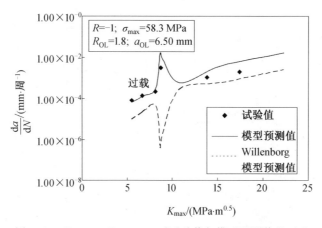

图 7.24 $R = -1$、$R_{OL} = 1.8$ 时试验值与模型预测值的对比

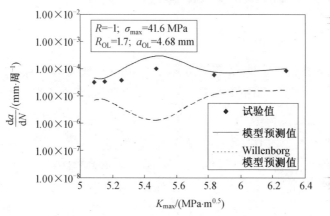

图 7.25 $R = -1$、$R_{OL} = 1.7$、$a_{OL} = 4.68$ mm 时试验值与预测值的对比

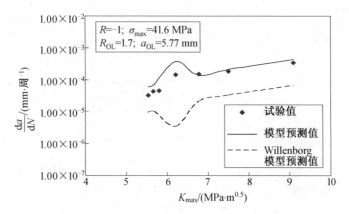

图 7.26 $R = -1$、$R_{OL} = 1.7$、$a_{OL} = 5.77$ mm 时试验值与预测值的对比

7.6 铝合金层板疲劳裂纹扩展速率预测模型的有效性验证

7.6.1 拉—压模型试验验证

为了考察在拉—压循环加载作用下($R<0$、$R_C\geqslant0$ 与 $R<0$、$R_C<0$ 两种情况),压载荷部分对纤维增强铝合金层板疲劳裂纹扩展速率的影响,同时对本书推导给出的拉—压循环加载下纤维增强铝合金层板疲劳裂纹扩展速率预测模型进行验证,本节分别在 $R=-1$、$R_C=0$ 和 $R=-2$、$R_C=-0.5$,相同的最大拉载荷 $S_{max}=40.6$ MPa 的条件下,进行了疲劳裂纹扩展试验。

7.6.2 试验结果

首先根据试验结果,计算得到所制备纤维增强铝合金层板的等效裂纹长度 l_0 为 3.90 mm。为了考察不同压载荷对纤维铝合金层板疲劳裂纹扩展速率影响规律,验证根据唯象方法和增量塑性损伤理论推导得到的拉—压循环载荷下(应力比 $R<0$)纤维增强铝合金层板的疲劳裂纹扩展速率预测模型(适用条件:$R<0$、$R_C\geqslant0$、$R<0$、$R_C<0$),将最大拉载荷相同($S_{max}=40.6$ MPa)而最大压载荷不同($R=-1$、$\sigma_{maxcom}=-40.6$ MPa 和 $R=-2$、$\sigma_{maxcom}=-81.2$ MPa)的疲劳裂纹扩展速率 da/dN 试验结果绘制在同一 $da/dN-a$ 图中,如图 7.27 所示。

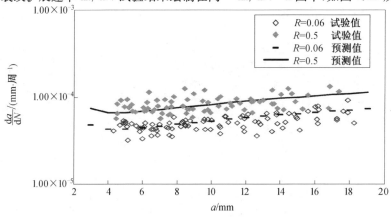

(a) $\Delta\sigma=66$ MPa 的3/2层板疲劳裂纹扩展速率 da/dN 试验值与预测值

图 7.27 试验结果与模型预测曲线

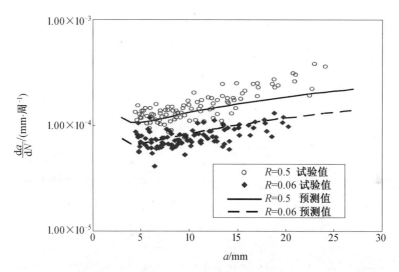

(b) Δσ=77 MPa的3/2层板疲劳裂纹扩展速率da/dN试验值与预测值

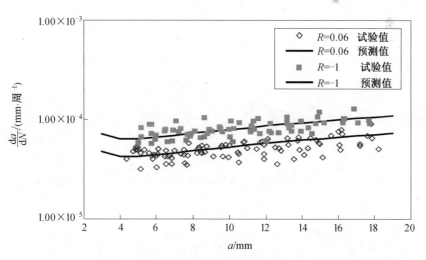

(c) Δσ=66 MPa的3/2层板疲劳裂纹扩展速率da/dN试验值与预测值

续图 7.27

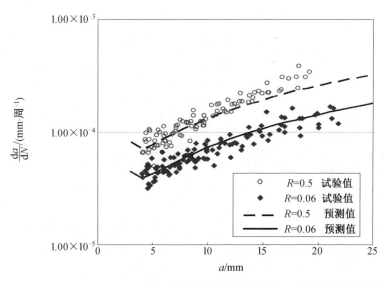

(d) Δσ=66 MPa的2/1层板疲劳裂纹扩展速率da/dN试验值与预测值

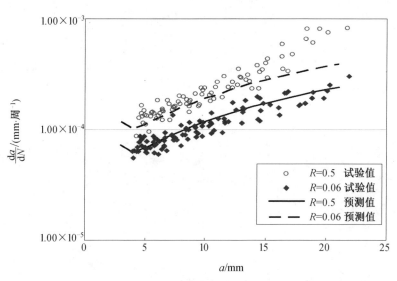

(e) Δσ=77 MPa的2/1层板疲劳裂纹扩展速率da/dN试验值与预测值

续图 7.27

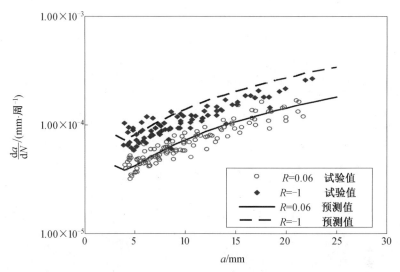

(f) $\Delta\sigma=66$ MPa的2/1 层板疲劳裂纹扩展速率da/dN试验值与预测值

续图 7.27

　　并将试验加载条件代入式(6.51)计算 da/dN;对于 $R=-1$ 的试验有 $R_C=0$,将 $S_{max}=40.6$ MPa、$\sigma_{maxcom}=-40.6$ MPa 代入式(6.51)计算;对于 $R=-2$的试验有 $R_C=-0.5$,将 $S_{max}=40.6$ MPa、$\sigma_{maxcom}=-81.2$ MPa 代入式(6.51)计算。将计算得到的 da/dN-a 预测曲线也绘制在图 7.27 中。

　　由图 7.27 可见,在相同的最大拉载荷下,$R=-2$ 情况下玻璃纤维铝合金增强铝合金层板的疲劳裂纹扩展速率明显高于 $R=-1$ 情况。这表明在拉—压循环加载下,当有效循环应力比 $R_C<0$ 时,抵消残余拉应力后剩余的压载荷部分对纤维增强铝合金层板疲劳裂纹扩展存在促进作用,纤维增强铝合金层板的疲劳裂纹扩展的压载荷效应不可忽略。

　　由图7.27可以看出,在与试验相同的加载条件下,按预测模型计算得到的 da/dN 预测值与试验值符合较好,说明了本书给出的预测模型的正确性。

7.7　本章小结

　　(1)讨论了使用高频疲劳试验机进行疲劳裂纹扩展试验的可行性,给出了使用高频疲劳试验机进行疲劳裂纹扩展试验时停机拍摄的间隔裂纹扩展量下限和拍摄间隔周期数等参数。编制了用于测量停机拍摄图片裂纹长度的计算机软件,给出了软件界面和使用方法,通过该软件对研究拍摄获得裂纹图片的精度进行了分析,指出裂纹图片的精度可以达到 0.01 mm。

(2)对 LY12－M 铝合金进行了拉－压疲劳裂纹扩展试验,结果表明压载荷对 LY12－M 铝合金疲劳裂纹扩展速率具有明显的促进作用。根据提出的拉－压增量塑性损伤模型参数拟合方法,对第 4 章推导的拉－压疲劳裂纹扩展的增量塑性损伤模型 $\sigma_{maxcom} － \dfrac{da}{dN} － K_{max}$ 参数进行了拟合。并将试验结果与模型预测结果进行了对比,结果表明模型预测结果与试验观测结果符合较好,验证了该模型的合理性,避免了依据 ASTM 方法计算 K_{max},可能给出疲劳裂纹扩展速率偏危险的预测。

(3)对 LY12－M 铝合金进行了拉－拉和拉－压疲劳裂纹扩展试验,结果表明:在拉－拉循环加载下,LY12－M 铝合金在过载后,疲劳裂纹经历了延迟迟滞和迟滞扩展两个过程;在拉－压循环加载下,当压载荷较小时,过载后疲劳裂纹扩展迟滞不明显,而当压载荷较大时,过载后疲劳裂纹扩展经历了短暂的加速,然后以与无过载情况相同的速率继续扩展。将试验结果与推导得到的拉－拉过载增量塑性损伤模型和拉－压过载增量塑性损伤模型预测结果进行对比,结果表明:疲劳裂纹扩展拉－拉过载增量塑性损伤模型和拉－压过载增量塑性损伤模型的预测结果与试验结果符合较好,该模型考虑了过载后反向塑性屈服对疲劳裂纹扩展的影响,克服了 Paris 公式和 Willenborg 模型不能计算延迟迟滞和压载荷效应而给出过载后偏危险预测的问题。

(4)将增量塑性损伤理论与纤维增强金属层板唯象方法相结合,推导得出的拉－压循环加载纤维增强铝合金层板疲劳裂纹扩展速率模型。将铝合金疲劳裂纹扩展的压载荷效应计入纤维增强铝合金层板疲劳裂纹扩展速率预报,预报结果与试验结果符合较好。

参 考 文 献

[1] ZHANG J Z, HE X D, DU S Y. Analyses of the fatigue crack propagation process and stress ratio effects using the two parameter method[J]. International Journal of Fatigue, 2005, 27(10-12): 1314-1318.

[2] FLECK N A. Fatigue crack growth due to periodic underloads and overloads[J]. Acta Metallurgica,1985,33(7):1339-1354.

[3] HALLIDAY M D, ZHANG J Z, POOLE P, et al. In situ SEM observations of the contrasting effects of an overload on small fatigue crack growth at two different load ratios in 2024-T351 aluminium alloy[J]. International Journal of Fatigue,1997,19(4):273-282.

[4] SILVA F S. Fatigue crack propagation after overloading and underloading at negative stress ratios[J]. International Journal of Fatigue, 2007, 29: 1757-1771.

[5] ELBER W. Fatigue crack closure under cyclic tension[J]. Engineering Fracture Mechanics,1970,2(1):37-44.

[6] Elber W. The significance of fatigue crack closure[C] // BRUSSAT T R, GRAZIANO W D, FITCH G E, et al. Damage tolerance in aircraft structures: A symposium presented at the seventy-third annual meeting American society for testing and materials,Toronto,Ontario,Canada 21-26, June 1970. Philadelphia, PA: ASTM STP 486,1971: 230-242.

[7] SILVAL F S. Crack closure inadequacy at negative stress ratios[J]. International Journal of Fatigue, 2004, 26(3): 241-252.

[8] SILVA F S. The importance of compressive stresses on fatigue crack propagation rate[J]. International Journal of Fatigue, 2005,27(10-12): 1441-1452.

[9] VASUDEVAN A K, SADANANDA K, LOUATN. A review of crack

closure fatigue crack threshold and related phenomena[J]. Materials Science and Engineering：A，1994，188(1-2)：1-22.

[10] ZHANG J Z，HE X D，DU S Y. Analysis of the effects of compressive stresses on fatigue crack propagation rate[J]. International Journal of Fatigue，2007，29(9-11)：1751-1756.

[11] ZHANG J Z，ZHANG J Z，MENG Z X. Direct high resolution in situ sem observations of very small fatigue crack growth in the ultra-fine grain aluminium alloy in 9052[J]. Scripta Materialia，2004，50(6)：825-828.

[12] 陈传尧. 疲劳与断裂[M]. 武汉：华中科技大学出版社，2003：6-7.

[13] SURESH S. Fatigue of materials[M]. Cambridge：Cambridge University Press，1991.

[14] 程靳，赵树山. 断裂力学[M]. 北京：科学出版社，2006：13-22.

[15] PARIS P C，ERDOGAN. A critical analysis of crack propagation laws [J]. Journal of Basic Engineering，1963(85)：528-534.

[16] 高东宇，林日新. 飞机机翼疲劳断裂过程的有限元分析[J]. 哈尔滨理工大学学报，2006，11(3)：35-37.

[17] KLEIN P，GAO H. Crack nucleation and growth as strain localization in a virtual-bond continuum[J]. Engineering Fracture Mechanics，1998 (61)：21-48.

[18] 蒋国宾，王敏. 损伤因子及其在复合材料中的应用[J]. 重庆交通学院学报，1990，9(2)：78-79.

[19] 沈真. 损伤力学及其在复合材料中的应用[J]. 力学进展，1985，2(1)：25-28.

[20] 孙守光，缪龙秀，袁祖贻. 压应力对疲劳裂纹比的影响[J]. 北方交通大学学报，1995，18(3)：368-372.

[21] CHANG P Y，YANG J M. Modeling of fatigue crack growth in notched fiber metal laminates[J]. International Journal of Fatigue，2008，30(12)：2165-2174.

[22] NEWMAN J C，WU X R，SWAIN M H，et al. Small crack growth and fatigue life predictions for high-strength aluminum alloys Part Ⅱ：

Crack closure and fatigue analyses[J]. Fatigue and Fracture of Engineering Materials and Structures, 2000, 23: 59-72.

[23] XUE-REN W U, LIU J Z. Total fatigue life prediction for aeronautical materials by using small-crack theory[J]. Acta Aeronautica Et Astronautica Sinica, 2006, 27(2):219-226.

[24] SADANANDA K, VASUDEVAN A K, HOLTZ R L. Extension of the unified approach to fatigue crack growth to environmental interactions[J]. International Journal of fatigue, 2001, 23(5): 277-286.

[25] SADANANDA K, SREENIVASA R. Analysis of fatigue crack growth behavior using the unified approach to fatigue damage[J]. International Journal of Fatigue, 2001, 23(7): 357-364.

[26] VASUDEVAN K, SADANANDA K. Analysis of fatigue crack growth under compression-compression loading[J]. International Journal of Fatigue, 2001, 23(3): 365-374.

[27] NEWMAN J C. Advances in finite element modeling of fatigue crack growth and fracture[C] // BLOM A F. Fatigue 2002: Proceedings of the Eighth International Fatigue Congress. Stockholm: EMAS, 2002: 55-70.

[28] WU X R, LIU J. Total fatigue life prediction for aeronautical materials by using small crack theory[C] // BLOM A F. Fatigue 2002: Proceedings of the Eighth International Fatigue Congress. Stockholm: EMAS, 2002: 1421-1432.

[29] WANG C H, ROSE L R F. Crack tip plastic blunting under gross-section yielding and implications for short crack growth[J]. Fatigue Engng Mater Struct, 1999, 23(16): 761-773.

[30] ZHANG X P, WANG C H, MAI Y W. Prediction of short fatigue crack propagate behavior by characterization of both plasticity and roughness induced crack closure[J]. International Journal of Fatigue, 2002, 24(7): 529-536.

[31] IRANPOUR M. On the effect of stress intensity factor in evaluating the fatigue crack growth rate of aluminum alloy under the influence of

compressive stress cycles[J]. International Journal of Fatigue ,2012, 43:1-11.

[32] BENZ C, SANDER M. Fatigue crack growth testing at negative stress ratios: Discussion on the comparability of testing results[J]. Fatigue & Fracture of Engineering Materials & Structures, 2014,37:62-71.

[33] YU M, TOPPER T H, AU P. Effects of stress ratio, compressive load and underload on the threshold behaviour of a 2024-T351 aluminum alloy[C] // BEEVERS C J. Fatigue 84: Proceedings of the 2nd International Conference on Fatigue and Fatigue Thresholds held at the University of Birmingham, UK, 3-7 September 1984. Birmingham: Engineering Materials Advisory Services, 1984:179-190.

[34] ZHANG J, HE X D, SUO B, et al. Elastic-plastic finite element analysis of the effect of compressive loading on crack tip parameters and its impact on fatigue crack propagation rate[J]. Engineering Fracture Mechanics, 2008,75:5217-5228.

[35] BENZ C, SANDER M. Experiments and interpretations of some load interaction phenomena in fatigue crack growth related to compressive loading[J]. Advanced Materials Research, 2014, 891-892:1353-1359.

[36] PETERSEN D R, LINK R E, MAKABE C, et al. Deceleration and acceleration of crack propagation after an overload under negative baseline stress ratio[J]. J Test Eval,2005, 33:181-187.

[37] MEHRZADI M, TAHERI F. Influence of compressive cyclic loading on crack propagation in AM60B magnesium alloy under random and constant amplitudecyclic loadings[J]. Engineering Fracture Mechanics, 2013, 99:1-17.

[38] ALBASHIR G, NARYANASWAMI R. Plastic zones at a fatigue crack tip[J]. Journal of Failure Analysis and Prevention, 2019, 19(3): 673-681.

[39] WHEELER O E. Spectrum loading and crack growth[J]. Journal of Basic Engineering, ASTM, 1972, D94: 181-186.

[40] WILLENBORG J, ENGLE R M, WOOD H A. A crack growth retar-

dation model using an effective stress concept: Technical report of AF-FDL-TM-71-1-FBR[R]. Ohio: Air Force Flight Dynamics Laboratory, 1971.

[41] JIANG S, ZHANG W, HE J J, et al. Comparative study between crack closure model and Willenborg model for fatigue prediction under overload effects[J]. Chinese Journal of Aeronautics, 2016, 29(6): 1618-1625.

[42] BENZ C, SANDER M. Fatigue crack growth testing at negative stress ratios: Discussion on the comparability of testing results[J]. Fatigue & Fracture of Engineering Materials & Structures, 2014, 37:62-71.

[43] ZHANG J Z, HE X D. Direct high resolution in situ sem observations of small fatigue crack opening profiles in the ultra-fine grain aluminium alloy[J]. Materials Science and Engineering: A, 2008, 485(1-2): 115-118.

[44] GUO Y J, WU X R. A Phenomenological model for pre-dicting crack growth in fiber reinforced metal laminates under constant amplitude loading[J]. Composites Science and Technology, 1999, 59: 1825-1831.

[45] ZHANG J Z, HE X D, SHA Y, et al. The compressive stress effect on fatigue crack growth under tension-compression loading[J]. International Journal of Fatigue, 2010, 32(2): 361-367.

[46] 沙宇, 张嘉振, 白士刚, 等. 拉一压循环加载下铝合金疲劳裂纹扩展的压载荷效应研究[J]. 工程力学, 2012.29(10):327-334.

[47] SONG X, LI H P, SHAO J P, et al. Validity of three engineering models for fatigue crack growth rate affected by compressive loading in LY12M aluminum alloy[J]. Transactions of Nonferrous Metals Society of China, 2012, 22, S27-S32.

[48] BAI S G, ZHANG J Z, SHA Y. Finite element analysis of the fatigue crack tip parameters in the glass fiber reinforced aluminum alloy laminates under tension-compression loading[J]. Polymers & Polymer Composites, 2013, 21(9):553-558.

［49］ BORREGO L P, FERREIRA J M, et al. Evaluation of overload effects on fatigue crack growth and closure[J]. Engineering Fracture Mechanics,2003,70(11):1379-1397.

［50］ 冯娟,王建国,王红缨,等. 过载对铝合金疲劳裂纹扩展速率的影响[J]. 物理测试, 2008, 26(4): 34-37.

［51］ STEPHENS R I, CHEN D K, HOM B W. Fatigue crack growth with negative stress ratio following single overloads in 2024-T3 and 7075-T6 aluminum alloys［C］//WEI R P, STEPHENS R I. Fatigue crack growth under spectrum loads: A symposium presented at the Seventy-eighth Annual Meeting, American Society for Testing and Materials, Montreal, Canada, 23-24 June, 1975. W Conshohocken, PA: ASTM, 1976: 172-183.

［52］ BAI S G, SHA Y , ZHANG J Z. The effect of compression loading on fatigue crack propagation after a single tensile overload at negative stress ratios[J]. International Journal of Fatigue, 2018,110:162-171.

［53］ MAKABE C, PURNOWIDODO A, MCEVILY A J. Effects of surface deformation and crack closure on fatigue crack propagation after overloading and underloading［J］. Internal Journal of Fatigue, 2004, 26 (12): 1341-1348.

［54］ ROMEIRO F,DE FREITAS M, DA FONTE M. Fatigue crack growth with overloads/underloads: Interaction effects and surface roughness [J]. International Journal of Fatigue,2009, 31(11-12):1889-1894.

［55］ RAHMAN S ,REZA B. Numerical modeling the effects of overloading and underloading in fatigue crack growth[J]. Engineering Failure Analysis, 2010,17(6):1475-1482.

［56］ SANDER M, RICHARD H A. Fatigue crack growth under variable amplitude loading, Part I: Experimental investigations[J]. Fatigue & Fracture of Engineering Materials & Structures, 2006, 29: 291-301.

［57］ 陈瑞峰,何宇廷. 压载对裂纹超载迟滞作用的影响[J]. 大连理工大学学报, 1997, 37(1): 24-28.

［58］ OHRLOFF N, GYSLER A G. Lutjerling. Fatigue crack propagation behavior under variable amplitude loading[C] //PETIT J, DAVID-SON D L, SURESH S, et al. Fatigue Crack Growth under Variable Amplitude Loading. London: Elsevier Applied Science, 1988: 24-34.

[59] TAKAMATSU T, MATSUMURA T, OGURA N, et al. Fatigue crack growth properties of a GLARE3-5/4 fiber/metal laminate[J]. Engineering Fracture Mechanics,1999, 63(3):253-272.

[60] HENKENER J A, SCHEUMANN T D, GRANDT A F. Fatigue crack growth behavior of a peakaged Al—2. 56Li—0. 092r alloy[C]// H. KITAGAWA H, TANAKA T. Fatigue 90: Proceedings of the 4th international conference on fatigue and fatigue thresholds: Honolulu, Hawaii, USA, 15-20 July, 1990. Birmingham: Materials and Component Engineering Publications Ltd, 1990: 957-962.

[61] KRKOSKA M,BARTER S A, ALDERLIESTEN R C,et al. Fatigue crack paths in AA2043-T3 when loaded with constant amplitude and simple underload spectra[J]. Engineering Fracture Mechanics,2010,77 (11):1857-1865.

[62] ROBIN C, BUSCH M L, CHERGUI M, et al. Influence of series of tensile and compressive overloads on 316L crack growth[C] //PETIT J, DAVIDSON D L, SURESH S, et al. Fatigue Crack Growth under Variable Amplitude Loading. London: Elsevier Applied Science, 1988: 87-97.

[63] BACILA A,DECOOPMAN X,MESMACQUE G, et al. Study of underload effects on the delay induced by an overload in fatigue crack propagation[J]. International Journal of Fatigue,2007,29(9-11):1781-1787.

[64] GUO Y J, WU X R. A phenomenological model for pre-dicting crack growth in fiber reinforced metal laminates under constant amplitude loading[J]. Composites Science and Technology, 1999, 59: 1825-1831.

[65] MARISSEN R. Fatigue crack growth in ARALL: A Hybrid Aluminium-Aramid Composite Material Crack Growth Mechanisms and Quan-

titative Predictions of The Crack Growth Rate [D]. Delft: PhD Thesis, Delft University of Technology, 1988.

[66] ALDERLIESTEN R C. Analytical prediction model for fatigue crack propagation and delamination growth in glare[J]. The International Journal of Fatigue, 2007,29:628-646.

[67] ALDERLIESTEN R C, BENEDICTUS R. Post-stretching induced stress redistribution in fibre metal laminates for increased fatigue crack growth resistance[J]. Composites Science and Technology, 2009,(69): 396-405.

[68] ALDERLIESTEN R, CALVIN R. The meaning of threshold fatigue in fibre metal laminates[J]. International Journal of Fatigue, 2009, 2 (31): 213-222.

[69] PLOKKER H M. Fatigue crack growth in fibre metal laminates under selective variable-amplitude loading[J]. Fatigue and Fracture of Engineering Materials and Structures, 2009, 32(3):233-248.

[70] ALDERLIESTEN R C, BENEDICTUS R. Post-stretching induced stress redistribution in fibre metal laminates for increased fatigue crack growth resistance[J]. Composites Science and Technology, 2009, 69 (3-4):396-405.

[71] ALDERLIESTEN R C, HOMAN J J. Fatigue and damage tolerance issues of GLARE in aircraft structures[J]. International Journal of Fatigue, 2006(28):1116-1123.

[72] ALDERLIESTEN R C. Fatigue and damage tolerance of GLARE[J]. Applied Composite Materials,2003, 10: 223-242.

[73] ALDERLIESTEN R C. Analytical prediction model for fatigue crack propagation and delamination growth in GLARE[J]. International Journal of Fatigue, 2007(29):628-646.

[74] YEH J R. Fatigue crack growth in fiber-metal laminates[J]. International Journal of Solids and Structures, 1995,32(14):2063-2075.

[75] YEH J R. Fracture mechanics of delamination in ARALL laminates [J]. Engineering Fracture Mechanics, 1988, 30(6):827-837.

[76] BURIANEK D A, GIANNOKOPOULOS A, SPEARING S M. Modeling of facesheet crack growth in titanium-graphite hybrid laminates [J]. Part I, Engineering Fracture Mechanics, 2001, 70:775-798.

[77] CHANG P Y, YEH P C, YANG J M. Fatigue crack growth in fibre metal laminates with multiple open holes[J]. Fatigue Fract Eng Mater Struct, 2011, 35(2):93-107.

[78] 白士刚. 玻璃纤维增强铝合金层板疲劳裂纹扩展的研究[D]. 哈尔滨:哈尔滨工业大学,2014.

[79] 雷振德. 解读应力强度因子[J]. 武钢职工大学学报,2000,11(1):68-70.

[80] RICE J C. A path independent integral and the approximate analysis of strain concentration by notches and cracks[J]. Journal of Applied Mechanics, 1968, 35(2): 379-386.

[81] IRWIN G R. Analysis of stress and strains near the end of a crack transversing a plate[J]. Applied Mechanics, 1957, 24: 109-114.

[82] ELBER W. The significance of fatigue crack closure[J]. ASTM STP 486. American Society for Testing and Materials, 1971: 230-242.

[83] FONTE M, ROMEIRO F, FREITAS M, et al. The effect of microstructure and environment on fatigue crack growth in 7049 aluminium alloy at negative stress ratios[J]. International Journal of Fatigue, 2003, 25(9-11): 1209-1216.

[84] SADANANDA K, VASUDEVAN A K, HOLTZ R L, et al. Analysis of overload effects and related phenomena[J]. International Journal of Fatigue, 1999, 21: 233-246.

[85] HOU C Y. Three-dimensional finite element analysis of fatigue crack closure behavior in surface flaws[J]. International Journal of Fatigue, 2004,26: 1225-1239.

[86] SILVA F S. Fatigue crack propagation after overloading and underloading at negative stress ratios[J]. International Journal of Fatigue, 2010, 29: 1757-1771.

[87] VASUDEVAN A K, SADANANDA K, LOUATN. Two critical

stress intensities for threshold fatigue crack propagation[J]. Scripta-Metallurgica et Materialia, 1993, 28(1): 65-70.

[88] VASUDEVAN A K, SADANANDA K, LOUATN. A review of crack closure fatigue crack threshold and related phenomena[J]. Materials Science and Engineering: A, 1994, 188(1-2): 1-22.

[89] ZHANG J Z. A shear band decohesion model for small fatigue carck growth in an ultra-fine grain aluminium alloy[J]. Engineering fracture mechanics, 2000, 65(6): 665-681.

[90] ZHANG J Z, HE X D, DU S Y. On the study of fatigue crack propagation in the time domain[J]. Key Engineering Materials, 2007, 348: 293-296.

[91] ZHANG J Z. Elastic-plastic finite element analysis of the effect of the compressive loading on the crack tip plasticity[J]. Key Engineering Materials, 2006, 324-325: 73-76.

[92] 宋欣. 压载荷对铝合金疲劳裂纹扩展影响的有限元建模及试验研究[D]. 哈尔滨: 哈尔滨理工大学, 2009.

[93] VAN LIPZIG H T M. Retardation of fatihue crack growth[D]. Delft: Delft University, 1973.

[94] VAN G F J A. Crack growth in laminated sheet material and in panels with bonded or integral stiffeners[D]. Delft: Delft University, 1975.

[95] HOEYMARKERS A H W. Fatigue of lugs[D]. Delft: Delft University, 1977.

[96] 郭亚军. 纤维金属层板的疲劳损伤与寿命预测[D]. 北京:北京航空材料研究院, 1997.

[97] ROEBROEKS G H J J. Towards GLARE: The development of a fatigue insensitive and damage tolerant aircraft material[D]. Delft: Delft University of Technology, 1991.

[98] VLOT A, GUNNINK J W. Fibre metal laminates, an introduction [M]. Dordrecht: Kluwer Academic Publishers, 2001.

[99] 黄啸,刘建中. 新型纤维金属混合层板结构的疲劳裂纹扩展与分层行为[J]. 航空材料学报, 2012, 32(5): 97-102.

[100] ALDERLIESTEN R C. An empirical crack growth model for fiber metal laminates[D]. Delft: Delft University of Technology, 1998.

[101] TOI R. An empirical crack growth model for fiber/metal laminates [C] // SYMPOSIUM I, GRANDAGE J M, JOST G S. ICAF 95: Estimation, enhancement and control of aircraft fatigue performance; proceedings of the 18th Symposium of the International Committee on Aeronautical Fatigue, 3-5 May, 1995, Melbourne, Australia. Warley: Engineering Materials Advisory Services, 1995: 899-909.

[102] 仲伟虹, 陈昌麒, 李宏运, 等. ARALL 层板剥离特性的研究(一)胶黏剂对层板层间性能的影响[J]. 材料科学与工程, 1995, 13(3): 18-23.

[103] 仲伟虹, 陈昌麒, 李宏运, 等. ARALL 层板剥离特性的研究(二)残余应力对层板层间性能的影响[J]. 材料科学与工程, 1995, 13(4): 51-54.

[104] 张雪坤, 张继栋. ARALL 层板冲击波传播特能的研究[J]. 爆炸与冲击, 1995, 15(2): 39-41.

[105] 周之鑫, 夏源明. ARALL 材料拉伸力学性能的试验研究[J]. 爆炸与冲击, 1998, 18(2): 138-144.

名 词 索 引

136